U0157937

做懂科技、紧跟时代发展的党员干部
以新质生产力推动实现高质量发展

当代科技前沿十讲

许明晓◎编著

科技是党员干部决策的指南针
科技是党员干部自我革新的基点
科技是党员干部推动经济发展的加速器

海南出版社
·海口·

图书在版编目(CIP)数据

当代科技前沿十讲 / 许明晓编著. —海口 : 海南出版社,2024.3

ISBN 978-7-5730-1565-5

Ⅰ. ①当… Ⅱ. ①许… Ⅲ. ①科学技术—发展 —研究—世界 Ⅳ. ①N11

中国国家版本馆 CIP 数据核字(2024)第 060964 号

当代科技前沿十讲

DANGDAI KEJI QIANYAN SHIJIANG

编　　著	许明晓
责任编辑	张家顺
封面设计	陈志鹏
出版发行	海南出版社
地　　址	海口市金盘开发区建设三横路 2 号
邮　　编	570216
网　　址	http://www.hncbs.cn
开　　本	710 mm×1000 mm　1/16
印　　张	11
字　　数	162 千字
版　　次	2024 年 3 月第 1 版
印　　次	2024 年 3 月第 1 次印刷
经　　销	新华书店
印　　刷	三河市腾飞印务有限公司
书　　号	ISBN 978-7-5730-1565-5
定　　价	45.00 元

(本书如有印装质量问题,影响阅读,请直接与承印厂联系调换。电话:010-84254239)

前　言

习近平总书记在党的二十大报告中强调指出："坚持面向世界科技前沿、面向经济主战场、面向国家重大需求、面向人民生命健康，加快实现高水平科技自立自强。以国家战略需求为导向，集聚力量进行原创性引领性科技攻关，坚决打赢关键核心技术攻坚战。加快实施一批具有战略性全局性前瞻性的国家重大科技项目，增强自主创新能力。"进入21世纪以来，全球科技创新进入空前密集活跃的时期，新一轮科技革命和产业变革正在重构全球创新版图、重塑全球经济结构。以人工智能、量子信息、移动通信、物联网、区块链为代表的新一代信息技术加速突破应用，以合成生物学、基因编辑、脑科学、再生医学等为代表的生命科学领域孕育新的变革，融合机器人、数字化、新材料的先进制造技术正在加速推进制造业向智能化、服务化、绿色化转型，以清洁高效可持续为目标的能源技术加速发展将引发全球能源变革，空间和海洋技术正在拓展人类生存发展新疆域。

当前，我国科技领域仍然存在一些亟待解决的突出问题，特别是同党的二十大提出的新任务新要求相比，我国科技在视野格局、创新能力、资源配置、体制政策等方面存在诸多不适应的地方。我国基础科学研究短板依然突出，企业对基础研究重视不够，重大原创性成果缺乏，底层基础技术、基础工艺能力不足，工业母机、高端芯片、基础软硬件、开发平台、基本算法、基础元器件、基础材料等瓶颈仍然突出，关键核心技术受制于人的局面没有得到根本性改变。我国技术研发聚焦产业发展瓶颈和需求不够，以全球视野谋划科技开放合作还不够，科技成果转化能力不强。我国人才发展体制机制还不完善，激发人才创新创造活力的激励机制还不健全，顶尖人才和团队比较缺乏。我国科技管理体制还不能完全适应建设世界科技强国的需要，科技体制改革许多重大决策落实还没有形成合力，科技创新政策与经济、产业政策的统筹衔接还不够，全社会鼓励创新、包容创新的机制和环境有待优化。

实践反复告诉我们，关键核心技术是要不来、买不来、讨不来的。只有把关键核心技术掌握在自己手中，才能从根本上保障国家经济安全、国防安全和其他安全。进入新发展阶段，面对新的形势、新的任务，我们要增强“四个自信”，把握大势、抢占先机，直面问题、迎难而上，瞄准世界科技前沿，引领科技发展方向，以关键共性技术、前沿引领技术、现代工程技术、颠覆性技术创新为突破口，敢于走前人没走过的路，勇做新时代科技创新的排头兵，努力实现关键核心技术自主可控，把创新主动权、发展主动权牢牢掌握在自己手中，肩负起历史赋予的重任，以中国式现代化全面推进中华民族伟大复兴。

目 录

第一讲 世界科技创新强国的经验启示

第二讲 我国科技发展的举国体制优势

第三讲 新一代电子信息技术

第四讲　新材料技术

第五讲　能源技术

第六讲　生物技术

第七讲　先进制造技术

第八讲　空间技术

第九讲　海洋技术

第十讲　激光技术

附　录

第一讲　世界科技创新强国的经验启示

通观近代以来世界发达国家的崛起，几乎无一例外都与科技创新有着紧密的联系，系统总结研究这些发达国家的科技创新经验，对于我国全面建成社会主义现代化强国无疑具有极为重要的意义。

一、美国科技创新对我们的启示

美国作为当今世界首屈一指的科技强国，在世界科技产业链中占有重要地位。美国的科技创新史可以追溯到19世纪，当时美国开始在电信、化学和机械等领域取得突破性进展。20世纪初，美国成立了众多科研机构和大学，如贝尔实验室和麻省理工学院，这些科研机构极大地推动了美国人才培养以及科技创新事业的发展。自20世纪以来，美国政府开始加大对科技创新的投入，并制定了一系列优惠政策和法规，以吸引和支持科技企业及创新创业者，这就极大地促进了美国高科技产业的快速发展，并全面带动了美国经济的增长和科技创新能力领先地位的确立。特别是进入21世纪后，美国进一步加强对科技创新的投资和支持。与此同时，政府也更加重视产业发展与科技创新之间的合作，为科技创新发展提供了更为广阔的窗口。

美国之所以能够坐稳科技强国的名号，并且一直以来不断孕育前沿科技和创新公司，主要得益于其完善的科技体制。在建国之初，美国就将科技创新的精神融入到国家体制中。如在1787年的《美国宪法》法案当中，就明文规定“通过保障作者和发明者对他们的作品和发现在一定时间内的专有权利，来促进科学和有用艺术的进步”。这直接奠定了科研能力和创新能力在美国社会发展中举足轻重的关键地位。经历了长期的持续优化与完善，现如今美国已经形成了一套与西方政治经济体制相匹配的科技体系，其主要特点为多元分散的结构形态。作为一个联邦制国家，立法、行政和司法的分权独立，决定了其社会发展的整体趋向。而多元分散最直观的表现就是制定科学政策的责任同时由行政部门和立法部门承担。在这一过程当中，政府和国会各司其职，前者负责制定预算、施行政策以及协调工作；后者则负责对科研项目的审批以及人员任用问题和监管评估等工作。

从科学研究层面来看，美国科研事业的推进主要依托大学、非营利性科研机构、科技创新企业以及联邦研究机构之间的分工与合作。目前，放眼整个世界范围，美国具有科研创新能力的大学数量最多、平均水平最高，其中麻省理工学院（Massachusetts Institute of Technology，简称 MIT）、斯坦福大学（Stanford University）、加州理工学院（California Institute of Technology，简称 Caltech）最负盛名。与此同时，美国在政策上对科学研究给予了极大的便利，不仅提供了十分坚实的经济支持，更为广大科研人员搭建了极富自由性的平台。同时还积极鼓励科研人员创新创业，从而在根本上促进了科研成果的转化。美国拥有众多非营利性科研机构，如美国国家标准技术研究所（National Institute of Standards and Technology，简称 NIST）、斯隆一凯特琳研究所（Sloan－Kettering Institute，简称 SKI）、兰德公司（Research and Development，简称 RAND）等，它们主要从事基础性研究及政策性研究，扮演着推动科学技术进步、促进社会发展和改善人类生活质量的角色。这些科研机构通过发展科技事业，为政府、产业界和社会提供创新性解决方案，推动科技成果转化和商业化，同时也为培养和支持年轻科学家、加强科学交流和合作提供了平台和资源。至于科技创新企业，则更为关注科技成果的转化，它们侧重于技术试验和商业化发展，其中大多数科技创新企业都以工业研究实验室为载体，进行相关技术的开发以及相关产品的设计，对推动美国科技进步和经济发展有着双重性的作用。比如，谷歌（Google）、微软（Microsoft）、苹果（Apple）等企业不仅在技术上领先世界，也为美国创造了大量就业机会和财富，同时还对促进社会变革和改善人们生活产生了深远的影响。而美国的联邦科研机构的作用是在联邦政府范围内进行科学和技术研究，为实现国家战略目标提供支持。这些机构通过资助和开展科学研究、提供技术服务和制定政策建议来推进各种领域的进步，如医学、环境保护、能源、国防等。常见的联邦研究机构包括国家卫生研究院（NIH）、国家科学基金会（NSF）、国家航空航天局（NASA）等。

值得注意的是，美国在科技创新产业上十分注重政策与法律的制定和执行。多元化是美国科技研发体系最显要的特征，虽然各个层级的主体众多，但其分工极为明确，因而自上而下形成了从决策到执行，最后再展开研究的明确架构。以半导体技术的发展为例，美国在半导体技术发展之初就采取了政府采购、资金支持等多种产业支持和保护政策。美国完全掌握了半导体整条产业链的起始终末，既充当了技术发展的策划者，又同时是资本供应方以及产品采购者，并且在税收、采购方面都给予了相当可观的优惠政策，这为半导体技术的发展以及科技成果的转化起到良好的促进作用。另外，在特殊时期美国也会采取非常规手段对本土产业进行保护，即便当下美国的半导体产业已经十分成熟稳定，但政府仍然会通过大量资金支持以及大规模战略部署的手段对其进行支持与保护。

纵观美国科技创新的历史历程，我们可以得出如下启示：

首先，体系化能力对实现科技自立自强至关重要。美国建立了世界上最早的国家创新体系，并发展出国家实验室体系，这对于重大项目攻关、关键核心技术突破，以及科学前沿引领起到了重要的支撑作用。因此，我国必须重视科技创新的体系化能力建设，以国家实验室建设为核心，打造国家战略科技力量，整合各方面资源，从横向科研力量建设到纵向创新链能力提升，进行全面梳理和优化，形成新的科技创新发展模式，促进科技自立自强。

其次，重视人才是科技强国建设的根本。美国之所以能建成科技强国，其最本质的因素是人才，不管是在经济崛起过程中，还是在科技赶超和科技强国建设中，人才均发挥了最重要的作用。美国先是引进人才、挖掘人才，逐渐演变为培养人才，在教育培养能力成为世界最强之后，依然重视挖掘和吸引国际人才。因此，我国必须改革人才培养模式和人才引进制度，要善于抓住一些国家局势变迁的机遇，从全球搜罗人才；同时更重要的是，改善教育、科研环境，培养出真正的人才并留住人才。尤其是在迈入科技强国建设新征程的历史背景下，这点显得尤为紧迫。

再次，打造科创中心是科技创新发展的重要推手。硅谷的成功给美国带来了巨大的经济社会效益，如果我们能打造出若干类似硅谷的创新城市或城市群，那么必将极大地激发我国的创新活力，带动经济社会高质量发展。因此，未来我国要大力建设科创中心和创新高地，并以此为契机打造中国科技发展新名片，争取在世界科技潮流中发挥引领作用。在此过程中，我们不仅要学习硅谷等科创中心的成功经验，同时也要警惕一些不成功的做法，避免“原搬照抄”，误入歧途。

最后，提升消化吸收能力是科技赶超的必经之路。美国具有强大的技术消化吸收能力。反观我国，技术消化吸收能力严重不足。因此必须更加重视提升技术消化吸收能力，尽快实现从技术引进到自主创新的跨越。

二、英国科技创新对我们的启示

英国有悠久的历史和深厚的文化底蕴，同时也是全球科技创新的中坚力量。众所周知，第一次工业革命发源于英国，这次工业革命对英国科技创新产生了十分深远的影响，在很大程度上奠定了英国科技强国的地位，它促进了英国本土手工业向机械化生产模式的转型，催生了工厂大规模生产的形成，极大地提高了劳动生产率以及商品质量。与此同时，工业的快速发展也大力推动了交通运输技术的发展，在真正意义上发挥了改变世界的重要作用。

从第一台蒸汽机的发明到现代计算机、互联网以及人工智能的广泛应用，英国在科技创新领域经历了长足的发展。英国工业革命作为现代工业化发展的开端，在世界科技创新的各个领域都具有重要的先导意义，如在1760年到1840年的工业革命期间，蒸汽机、纺织机等机械化设备的出现彻底改变了传统的生产方式，使得生产效率大幅提高，这一时期涌现了大批发明家，如詹姆斯·瓦特、约翰·凯文和乔治·斯蒂芬逊等人，他们为现代科技的创新发展提供了坚实的理论基础。1837年，英国物理学家查尔斯·韦斯特发明了第一台长距离传输电报机，这是通讯技术迈向现代化的重要步骤。1940年，英国在第二次世界大战期间发明并使用了第一台电子计算机，这台计算机被称为“科尔斯顿梦想机”（Colossus Computer），它被认为是当代计算机的先驱。1970年，英国的生命科学领域取得了很多成果，其中最重要的是1978年诞生的世界上第一个试管婴儿。1989年，蒂姆·伯纳斯-李发明了万维网，这是现代互联网的基础和前身。时至今日，英国已经在人工智能、生物科技、航空航天领域、清洁能源技术以及物联网技术等方面卓有建树，成为世界范围内最具科研实力的强国之一。

纵观英国科技创新的历史进程，我们应当从以下几个方面获得深刻的启示：

首先，英国科技创新事业的高歌猛进，离不开政府在政策上的支持。英国政府非常重视科技创新，并为此制定了一系列政策并投入大量资金。例如，英国政府于2017年发布了《产业策略报告》，旨在帮助英国成为全球最具竞争力的经济体，并明确将科技创新作为政策的核心。另外，英国政府还建立了多个专门机构和基金，用于支持和促进科技创新。这些政策和投资的效果显著，英国拥有世界顶尖的科研机构和高校，如牛津大学和剑桥大学等，同时也孕育出多家世界知名的科技企业，如ARM、GSK等。这表明政策支持和投资对于推动科技创新起到了至关重要的作用。英国在注重科技开放与创新的同时，还十分关注产业间的协同发展。英国不仅有着顶尖的研究机构和高校，还有一个非常完善的产业体系。这些产业之间存在着密切的协同关系，不仅共享资源和知识，还进行交叉创新和产业深度融合。例如，英国汽车产业围绕着赛车、飞机、船舶等相关领域形成了一个庞大的生态系统，从而形成了一系列互补的技术和产业链。此外，英国还鼓励企业和研究机构开放创新，倡导多学科交叉和跨界合作。这种开放创新模式可以帮助企业更快地获取新技术和知识，同时也可以加速科技成果的转化和商业化。

其次，在英国的产业发展氛围当中，有着浓厚的创业文化，科研企业在应对风险投资问题上也有着完备的策略。在英国，创业被视为一种追求梦想和创造财富的方式，政府和社会也非常支持和鼓励创业。同时，英国也有许多著名的风险投资公司，如Balderton Capital、Index Ventures等，它们在英国和全球范围内投资了大量的科技创业公司。这种创业文化和风险投资市场为英国的科技创新提供了非常好的生态环境。很多成功的科技企业如Skyscanner、DeepMind、TransferWise等都是在英国创立的，它们不仅推动了英国经济的快速发展，也成为全球科技行业的佼佼者。

再次，作为联合国五常之一，英国勇担国际责任和义务，并注重科研领域的可持续发展。例如，在智能城市方面，英国政府鼓励利用科技手段来提升城市的可持续性和人居环境，同时也重视居民的隐私和数据保护。此外，英国的科技企业也倡导社会责任和可持续发展，如谷歌在英国建立了太阳能电站和风力发电厂，Facebook 在英国推出了社会责任计划等。

最后，英国十分注重基础科学的研究。例如，英国政府设立了数百个高等教育和研究机构，并提供了大量的研究经费，以支持基础研究的开展。这些机构和经费不仅为英国的科学和技术研究提供了强有力的支持，而且也为全球的科学和技术研究作出了贡献。同时，英国也一直非常注重人才培养，尤其是在科学和技术领域。英国拥有世界一流的教育体系和研究环境，培养了一大批优秀的科学家和工程师，这些人才不仅为英国的科技创新作出了巨大贡献，而且也为全球科技发展提供了有力的支持。

三、德国科技创新对我们的启示

德国在科技和创新领域一直扮演着重要的角色，其历史可以追溯到 19 世纪。19 世纪末是德国工业化和科技革命的时期，德国工程师们在机械制造、铁路建设和电信领域取得了突破性进展。享誉盛名的蒂森克虏伯、西门子和博世等公司就是在这个时期成立的。第一次世界大战结束后，德国开始投资于研究和发展，以恢复经济和声誉，这导致了一系列重要的发现和创新，包括汉斯·格奥尔格·戈普尔茨开发出的电子显微镜和康拉德·齐默尔曼发明的电视机。到了二战期间，德国科学家们的能力得到了广泛认可，当时的纳粹政权提供了充足的资金支持，以支持军事技术的发展。许多德国科学家通过“纳粹火箭计划”将他们的技术应用于军事，其中最著名的是威廉·冯·布劳恩。二战后，德国科技创新受到了严重的打击，经历了重建和再工业化的时期。为了赶上美国和苏联在科技领域的发展，德国政府投资于研究和开发，并制定了一系列创新政策。这导致德国在医疗技术、能源技术、汽车制造和机械工程等领域取得了显著进展。今天，德国是欧洲最大的经济体之一，并继续在全球科技和创新领域发挥着重要作用。德国拥有世界顶级的科学家和研究机构，如马普学会和弗劳恩霍夫协会。同时，德国公司也在全球范围内拥有广泛的影响力，如大众、戴姆勒和西门子等。

总结德国的成功经验可以看出，其强大的科教系统、投资策略和创新文化对社会和经济的发展产生了深远的影响。

一是科教系统方面。德国政府提供了许多奖学金和支持计划，鼓励更多的人投身于科学和技术领域。德国的高等教育享誉世界，如洪堡大学、慕尼黑工业大学和帝国理工学院等，这些大学拥有世界顶尖的师资力量和科研设施，为学生们提供了广泛的学习机会和实践经验。得益于国家高度重视科教，德国的年轻人有更多机会接受高质量的教育，并在未来成为优秀的研究员、工程师或企业家。

二是创新文化方面。德国有着强大的实验精神和创造力。德国人注重工程与实践能力，他们热衷于从基础科学出发探索各种技术问题，同时也擅长将理论转化为实际应用，最终达到推动产业发展的效果。如在汽车制造等工业生产等领域，德国已经成为全球领导者，当然他们并未止步于此，仍然不断地创新和改进现有技术，以保持其竞争优势。这种创新文化的精神，推动了德国在许多领域内的成功。

三是全球合作方面。德国政府致力于与其他国家和地区开展交流与合作，通过共享信息、资源和知识来加速科学和技术的发展。德国在欧盟和国际组织中也扮演着积极的角色，如欧洲太空局（ESA）总部就设在德国。德国还是欧洲核子研究组织（CERN），以及半导体生产等众多国际性科技组织的重要成员。这种全球合作的文化促进了德国与其他国家和地区之间的科技和创新交流，加速了科技进步和经济发展，同时也使得其他国家受益，促进了国际科技合作，共同推动了全球科技和经济的发展。

四、日本科技创新对我们的启示

日本科技创新的发展史可以追溯到19世纪末期，当时日本政府采取了一系列措施来推动国家工业化和现代化。以下是日本科技创新发展史的几个重要阶段。

明治维新（1868—1912年）。这一时期是日本科技创新的起点。当时，日本政府实行了一系列改革，包括通过引进外国专业人才和技术来促进国内工业的发展。其中重视教育和培养人才是明治维新成功的关键之一。

大正时代（1912—1926年）。这一时期，日本重点发展钢铁、造船、机械制造等高端制造业，开始成为一个现代化的工业国家。另外，日本还在电气化、通信、农业等领域进行了大量创新研究。

昭和时代（1926—1989年）。这一时期，日本经历了快速的工业化和现代化。特别是在20世纪50年代后，日本政府积极推动高端技术的发展，并深入参与国际科技合作。此间，日本涌现出许多著名的科学家和工程师，如后来成为日本爆炸性增长的奠基人之一的丰田佐吉。

平成时代（1989—2019年）。这一时期，日本继续在高科技领域进行创新，特别是在信息技术、生物医学和材料科学等领域。例如，索尼公司发明了便携式音乐播放器Walkman，东芝公司开发出大容量硬盘驱动器，丰田公司推出了混合动力汽车Prius等。

令和时代（2019年至今）。在当今世界迅猛发展的高科技领域，日本尤为密切关注人工智能、机器人、可持续能源等技术领域的发展。此外，日本政府还在积极推动“Society 5.0”计划，旨在将科技与社会融合，打造更加智能化和高效的社会。

总结研究日本的科技发展历程，我们可以得出下列体会：

一是强调品质。在制造业中，日本企业一直以来都非常注重产品品质，这也是日本制造业能够在国际市场上获得成功的关键因素之一。例如，丰田汽车公司就以其精湛的品质管理而闻名于世，其生产的汽车在可靠性和耐用性方面表现出色。同样，索尼公司在电子产品方面也始终坚持高品质的生产标准，其音响设备、电视机、相机等产品在市场上享有广泛的认可度。这种注重品质的态度特别值得我们借鉴。

二是强调持久发展。日本企业在制造业和电子技术领域中的长期成功并非偶然，而是源于其对于持久发展的执着追求。例如，丰田汽车公司从创立之初就一直坚持以“持久经营”为企业理念，强调实现可持续的发展目标。同样，松下电器公司也一直致力于研发环保型电子产品，推进社会可持续发展。

三是强调开放和合作。日本企业在国际市场上取得成功，并非仅仅依靠自身的实力和技术，而是借助国际化的开放战略和跨国合作的优势。例如，索尼公司在与爱立信公司合作研发移动通信技术中获得了巨大的成功，促进了其在全球范围内的业务拓展。

四是强调人才培养。日本企业在科技创新方面的成功，也源于其对人才的重视和培养。例如，松下电器公司将员工培训作为公司文化的核心之一，注重提升员工的综合素质和技术能力。同样，丰田汽车公司也通过推行“丰田方法”等管理方式，鼓励员工参与到生产过程中，并不断提高员工的专业技能和团队合作能力。这种注重人才培养的精神，尤其值得我们借鉴。

第二讲　我国科技发展的举国体制优势

改革开放以来，我国科研体制不断进步完善、科研能力不断提高，然而在原创技术层面仍然还存在不足，自主创新的能力也还不够强。党的二十大报告强调，要“完善科技创新体系”“坚持创新在我国现代化建设全局中的核心地位”，并进一步明确提出“健全新型举国体制，强化国家战略科技力量”的重要任务。

一、加强党的领导，弘扬“两弹一星”精神

1964年10月16日，一朵巨大的蘑菇云在罗布泊上空升起，我国第一颗原子弹爆炸成功，向世界庄严宣告中国人民依靠自己的力量掌握了核技术。1970年4月24日，我国第一颗人造地球卫星“东方红一号”发射成功，揭开了中国进入外层空间的序幕。大漠深处春雷般的巨响和浩渺太空中卫星传回的《东方红》乐曲，时至今日依然激荡人心。在一穷二白的基础上起步，新中国仅用了10年左右的时间就创造了原子弹爆炸、导弹飞行和人造卫星上天的奇迹，取得了“两弹一星”事业的辉煌成就。与此同时，也孕育出“两弹一星”精神。

（一）“两弹一星”的研制成功，成为新中国建设成就的辉煌标志

在新中国波澜壮阔的发展历程中，20世纪五六十年代极不寻常。

50年代中期，诞生不久的新中国百废待举，面对国际上严峻的核讹诈、核垄断形势，以毛泽东同志为核心的党的第一代中央领导集体，为了保卫国家安全、维护世界和平，毅然作出发展原子弹、导弹、人造地球卫星，突破国防尖端技术的战略决策。

1956年，研制导弹、原子弹被列入我国的12年科学技术发展规划。当时我国的工业和科技基础十分薄弱，尤其是在苏联拒绝向中国提供原子弹教学模型和技术资料并撤走专家后，有人曾断言中国核工业已经遭到毁灭性打击，中国20年也搞不出原子弹。面对技术难题和国际封锁，在党中央的坚强领导下，我国广大科技工作者以惊人的毅力和勇气，取得了“两弹一星”事业的胜利，也孕育形成了伟大的“两弹一星”精神。

响应国家号召，一大批优秀的科技工作者，包括许多在国外已经卓有成就的科学家，怀着对新中国的满腔热爱，义无反顾地投身到这一伟大的事业中来。这些人中，有人们熟悉的钱学森、程开甲、邓稼先、于敏等人。但在当时，他们的工作内容是绝密，连家人都不能透露，有的人甚至隐姓埋名20余载。

1958年的一个夜晚，接受研制核弹重任的邓稼先告诉妻子：“以后家里的事我就不能管了，我的生命就献给未来的工作了。”从此，在公开场合，邓稼先的名字连同他的身影都消失了，直到1986年因病临终前，他的身份才得以披露。我国核试验科学技术领头人程开甲举家迁往罗布泊，与家人一直在大西北生活到20世纪80年代。于敏在1961年接到氢弹理论探索的任务后，为了国家需求，隐姓埋名28年……

除了这些功勋卓著的科研领军人物外，还有大量默默奉献的无名英雄——从事“两弹一星”研制工作的科研和工程人员、管理保障工作者、工人和解放军指战员。他们扎根戈壁荒原，奋战在深山峡谷，有的人甚至献出了宝贵的生命，用一生最好的时光铸就了一座座无言的丰碑。

1964年10月16日，我国第一颗原子弹爆炸成功；1966年10月27

日，我国第一颗装有核弹头的地地导弹飞行爆炸成功；1967 年 6 月 17 日，我国第一颗氢弹空爆试验成功；1970 年 4 月 24 日，我国第一颗人造地球卫星发射成功。 这些都是我们中华儿女引以为傲的辉煌时刻。

核科学技术和空间技术是 20 世纪人类发展史上伟大的科技成就，也是一个国家国防实力、综合国力和科技水平的重要体现。“两弹一星”研制成功，是新中国建设成就的一个辉煌标志，也是新中国科技发展的不朽丰碑。 正如邓小平同志所说的：“如果 60 年代以来中国没有原子弹、氢弹，没有发射卫星，中国就不能叫有重要影响的大国，就没有现在这样的国际地位。 这些东西反映一个民族的能力，也是一个民族、一个国家兴旺发达的标志。”①

（二）“两弹一星”精神是爱国主义、集体主义、社会主义和科学精神的生动体现

伟大的事业产生伟大的精神。 在为“两弹一星”事业进行的奋斗中，广大研制工作者培育和发扬了热爱祖国、无私奉献，自力更生、艰苦奋斗，大力协同、勇于登攀的“两弹一星”精神。

“热爱祖国、无私奉献”是“两弹一星”精神的鲜明底色。“两弹一星”的研制者高举爱国主义旗帜，胸怀强烈的报国之志，自觉把个人的理想与祖国的命运紧紧联系在一起，把个人的志向与民族的振兴紧紧联系在一起。“干惊天动地事，做隐姓埋名人”，为了祖国的事业，他们无怨无悔。 于敏说，一个人的名字，早晚是要消失的，留取丹心照汗青，能把自己微薄的力量融进祖国的事业之中，也就足可以欣慰了；邓稼先临终前仍惦记着我国尖端武器发展；还有那些戈壁滩上的无名丰碑……他们用热血和生命谱写了一部为祖国、为人民鞠躬尽瘁、死而后已的动人诗篇。

“自力更生、艰苦奋斗”是“两弹一星”精神的立足基点。“两弹一

---

① 《邓小平文选》第三卷，人民出版社 1993 年版，第 279 页。

星”的成功进一步昭示了艰苦奋斗永远是我们战胜一切困难、夺取事业胜利的重要法宝。广大科研工作者运用有限的科研和试验手段，没有条件，创造条件；没有仪器，自己制造。他们依靠科学，顽强拼搏，发奋图强，锐意创新，把“不可能”变为“可能”，突破了一个个技术难关。他们所具有的惊人毅力和勇气，显示了中华民族在自力更生的基础上自立于世界民族之林的坚强决心和强大能力。“中国航天人一开始就强调了自力更生的精神。这与其说是一种迫不得已的被动选择，不如说是一种建立在清晰认知之上的主动战略抉择。”中国科学院院士、中国航天科技集团一院火箭弹道专家余梦伦说，在导弹和卫星的研制中所采用的新技术、新材料、新工艺、新方案，在许多方面跨越了传统的技术阶段。

“大力协同、勇于登攀”生动诠释了我国集中力量办大事的制度优势和科研人员勇敢拼搏的顽强斗志。“两弹一星”的研制中，来自全国各地区、各部门成千上万的科学技术人员、工程技术人员、后勤保障人员团结协作、群策群力，汇成了向现代科技高峰进军的浩浩荡荡的队伍。据统计，第一颗原子弹的研制，凝聚了几十个部委（院）和几十个省份的近千家工厂、科研机构和大专院校的智慧。从第一颗原子弹爆炸到第一颗氢弹试验成功，中国仅仅用了两年零 8 个月。这么短的时间内攻克如此尖端的技术，与科研人员拧成一股绳、全国一盘棋的协作精神密不可分。

“两弹一星”精神是爱国主义、集体主义、社会主义和科学精神的生动体现，是中国人民在党的领导下创造的宝贵精神财富。我们今天的载人航天、探月工程、北斗导航和天问任务，都是在新时代继承和发扬“两弹一星”精神取得的丰硕成果。“两弹一星”精神有着历久弥坚的生命力，必将继续引领我们去战胜艰难险阻、攀登新的高峰。

(三)“两弹一星”精神跨越时空，激励着广大科技工作者攻坚克难、勇攀高峰

“两弹一星”精神跨越时空，历久弥新，激励着包括航天人在内的

广大科技工作者攻坚克难、勇攀高峰。

肇始于“两弹一星”，我国的航天事业从无到有、从小到大，取得了举世瞩目的伟大成就。特别是近年来，广大航天工作者大力继承和弘扬“两弹一星”精神，我国航天事业实现了一个又一个重大突破。嫦娥四号实现人类探测器首次月背软着陆，开启了人类月球探测的新篇章；嫦娥五号历时 23 天，完成了人类时隔多年之后的月球采样返回壮举；天问一号首次通过一次任务实现火星环绕、着陆和巡视三大目标，我国在行星探测领域跨入世界先进行列；神舟十二号 3 名航天员顺利进驻天和核心舱，中国航天迈入空间站时代……

“作为年轻的航天科技工作者，‘两弹一星’精神深深激励着我们，并且成为推动航天事业发展的强大动力。”国家航天局探月与航天工程中心嫦娥五号任务青年突击队队长高磊说，嫦娥五号任务经历了 11 个重大阶段和关键步骤，对人员科技水平、团队工作作风都是一次“大考”，全体参研参试人员在“两弹一星”精神的激励和鼓舞下，攻坚克难、勇攀高峰，取得了巨大的成功。

中国工程院院士、中国航天科技集团一院长征系列运载火箭总设计师龙乐豪表示，当前，科技发展日新月异，新形势和新任务更要求我们传承和发扬“两弹一星”精神，不断开创新时代国防科技工业和航天事业新局面。

“两弹一星”精神不仅鼓舞着科技工作者，更滋养着一代又一代的中国人，他们被“两弹一星”研制者的事迹所感动，被研制者的精神所感染，从中汲取着不惧任何艰难险阻，拼搏进取、砥砺奋进的精神力量。

精神跨越时空，历史昭示未来。赓续“两弹一星”精神，我们一定能够在全面建设社会主义现代化国家新征程中，战胜一个又一个艰难险阻，奏响一曲又一曲动人凯歌！

二、发挥新型举国体制优势，强化国家战略科技力量

发挥新型举国体制优势，强化国家战略科技力量，引导科技创新重点突破，是新发展阶段我国实现科技自立自强，开启全面建设社会主义现代化国家新征程的必然选择。

（一）新发展阶段对科技创新提出新要求

进入新发展阶段，我国国内外环境都出现了新的变化，无疑对科技创新发展提出了新的要求。

一是产业结构优化升级的要求。产业结构优化升级是关乎全局、整体、长远的大事。能否顺利实现产业结构优化升级，形成新的增长动力和比较竞争优势，直接关系我国能否在国际经济竞争中掌握主动权、实现高质量发展。因此，要始终保持战略定力，在做好传统产业转型的同时，还要抓住当下产业迭代升级的机遇，积极构建新发展格局。一方面，瞄准世界科技前沿的基础研究，加大资金、人才等投入，积极培育新能源、新材料等战略性新兴产业；另一方面，积极推动5G、人工智能等新一代互联网技术与传统产业的深度融合，形成线上线下一体联动的新业态、新模式，推动传统产业由低端向中高端迈进。

二是突破国际环境制约的要求。当今世界正经历百年未有之大变局，中国经济高速发展和国际地位明显提高，中国的政治优势、经济规模和文化软实力，对世界政治经济格局以及文化领域的影响越来越大。特别是近些年中国供给侧结构性改革成效显著、脱贫攻坚胜利收官、工业化基本实现，以及成功应对新冠疫情，充分显示出我们党制定的社会主义现代化目标能够如期实现。这促使中国经济在世界产业链所处的位置将由中低端快速向中高端攀升，在科技方面已经由过去的“跟跑者”向“并跑者”和“领跑者”转变。最近几年，美国对中国的霸凌行为和

全面遏制，特别是对关键技术的断供再一次提醒我们，国际竞争经常会脱离公平贸易、“双赢”互利的市场逻辑，呈现出政治化和高度的不确定性。高端产业的关键技术已经不能靠“购买”“合作”的方式获得，关键技术上受制于人将制约中国产业结构优化升级和经济发展，是形成以国内大循环为主体、国内国际双循环相互促进的新发展格局中最大的供给方的障碍、堵点、断点。因此要拉长长板，巩固提升优势产业的国际领先地位，锻造一些“杀手锏”技术，持续增强高铁、电力装备、新能源、通信设备等领域的全产业链优势，中国就亟须加大科技创新力度，突破关键核心技术“卡脖子”短板，加快实现“卡脖子”技术自主可控，提高科技对经济社会发展的贡献率和支撑力。

三是国家安全和发展的战略要求。在当今世界政治经济格局下，战略性的科技安全是国家安全的重要组成部分，是支撑和保障其他领域安全的力量源泉和逻辑起点，是塑造中国特色国家安全的物质技术基础。新中国成立特别是改革开放以来，党和国家大力发展科技事业，科技在支撑发展和维护国家安全中发挥了至关重要的作用。当前，科技越来越成为影响国家竞争力和战略安全的关键要素，在维护相关领域安全中的作用更加凸显。加快科技创新已经成为维护国家安全和发展的战略要求，要加快提升自主创新能力，壮大科技实力，维护科技自身安全，为保障国家主权、安全、发展利益提供强大的科技支撑。

(二)新型举国体制具有特色鲜明的优势

新型举国体制是在充分发挥市场经济基础上政府集中力量办大事的优势体制，是中国特色社会主义制度优势的重要体现。它在强化国家战略科技力量、引导科技创新重点突破、实现跨越式创新发展方面，具有一般市场经济下政府所不具备的能力。

一是具有依托中国特色社会主义制度的政治优势。中国特色社会主义制度具有集中力量办大事的显著优势，是当代中国发展进步的根本制度保障。尤其是党的十八大以来，中国特色社会主义制度更加完善，新型举国体制也愈加合理，显示出更为鲜明的政治优势。一方面，党的全面领导不断增强。全面从严治党向纵深发展，党的政治领导力、思想引领力、群众组织力、社会号召力不断提高，可以广泛地调动、组织和协调各种资源，成为新型举国体制在各个领域推进的坚强领导力量。另一方面，集中力量办大事更为有效。国家治理体系和治理能力现代化水平明显提高，中国特色社会主义市场经济条件下集中力量办大事的路径、体制不断完善。中国特色社会主义制度的发展为新型举国体制提供了坚实基础。

二是具有兼顾市场决定作用和更好发挥政府作用的经济优势。从计划经济体制到社会主义市场经济体制再到使市场在资源配置中起决定性作用和更好发挥政府作用，新型举国体制具有使资源配置效益最大化和效率最优化的竞争优势。使市场在资源配置中起决定性作用遵循了市场经济的一般规律，可以充分发挥市场主体作用，并通过竞争增加科技创新的活力和动力。更好发挥政府作用就可以纠正市场“失灵”、企业的短期行为和负外部性，在科技创新方面不仅可以保障科技创新的战略性、持续性，承担科技创新的不确定性和高成本，还可以充分调动各方面、各地区的人力物力，集中力量办大事。

三是具有能够实现“政产学研用”相结合的统筹协调攻关优势。新型举国体制使政府参与其中，能够更好发挥组织和服务作用；使企业参与其中，能够更好发挥市场在资源配置中的决定性作用；使高校参与其中，能够更好发挥其立德树人的育人作用和人才输送的重要作用；使科研机构参与其中，能够更好发挥科学研究和技术创新的支撑作用；使用户参与其中，能够更好反馈市场信息，明确创新需求，提供创新方向。明确政府、企业、高校、科研院所、用户在创新体系中不同的功能定位，能够激发各类主体创新激情和活力，形成自主创新的强大合力，构建功能互补、深度融合、良性互动、完备高效的协同创新格局。

四是具有能够发挥凝神聚力于科技创新的战略优势。新型举国体制能够凝神聚力于科技创新，致力于全面增强自主创新能力，强化战略科技力量，推动科技创新和经济社会发展深度融合。党的十八大以来，以习近平同志为核心的党中央在科技创新领域推出了一系列具有战略意义的新举措。明确国家目标和紧迫战略需求的重大领域，围绕国家重大战略需求，着力攻破关键核心技术，强化攻坚克难的战略科技力量，抢占未来发展的战略制高点。

(三)以新型举国体制助力重大科技创新

以新型举国体制助力重大科技创新，关键是要充分发挥国家作为重大科技创新组织者的作用，坚持战略性需求导向，确定科技创新方向和重点，着力解决制约国家发展和安全的重大难题。

一是完善关键核心技术攻关的新型举国体制。既要加大协同创新力度，充分发挥社会主义制度优越性，也要通过市场的决定性作用来优化资源配置，使举国体制更加科学、集约、有效。这就需要更好地处理政府和市场的关系，让更多的创新要素向企业集聚，激发市场主体的创新活力，让一代代创新的主力军不再被“束手束脚”，以人才“第一资源”支撑引领高质量发展。

二是制定国家主导科技创新发展的短中长规划。立足现代化全局，加强科技创新整体规划，系统布局国家战略科技力量，提升科技攻坚和应急攻关的体系化能力，布局关键核心技术研发，构建系统、完备、高效的国家创新体系，提升企业技术创新能力，激发人才创新创造活力，进一步完善科技创新体制机制。既要面向世界科技前沿、面向我国重大战略需求、面向经济社会发展主战场，又要紧跟研判当今世界科技发展的特征，坚持中国特色，制定好短中长科技发展规划。

三是国家科技和研发适当向基础学科倾斜。基础研究能力决定了一个国家科技创新能力的底蕴和后劲，是一个国家科研创新能力的核心所在。但是，由于基础研究具有战略性、公益性、先导性的特点，在实践中会出现企业不能获得全部收益而不愿进行基础研究投入的市场失灵问题，以及地方政府更多地支持科技成果转化、产业化倾向。因此，要把基础研究摆在国家科技工作的重要位置，加大基础研究投入，中央财政研发经费适当向基础研究倾斜，并为之构建国家牵头、多元投入的基金体系。只有优化投入结构，加大对冷门学科、基础学科和交叉学科的长期稳定支持，才能鼓励广大科技工作者勇闯创新“无人区”。

四是完善促进实体经济高质量发展的制度体系。实体经济是立国之本，也是财富之源，不仅能增加有效供给，更是扎实做好“六稳”工作、落实“六保”任务的必由之路。完善的制度体系是实体经济健康有序发展的重要保障。要按照市场供求规律的要求有效配置各种生产要素，不断增强实体经济企业的市场自主决策和自我发展能力。要全力构建市场化、法治化、国际化的营商环境，以改革激发市场活力，以法治规范市场行为。要加快财税、金融、科研制度改革，推动劳动力、资本、技术等要素跨区域自由流动和优化配置。要实施大规模减税降费与降准的政策组合拳，从企业发展所需的融资环境优化、信贷成本降低等要素入手，让优势资源和超强支持向符合产业发展方向的行业企业汇集。

三、坚持“四个面向”，积极引导科技创新重点突破

“十四五”规划强调要坚持创新在我国现代化建设全局中的核心地位，把科技自立自强作为国家发展的战略支撑，突出强调了“四个面向”的重要性，即发展要面向世界科技前沿、面向经济主战场、面向国家重大需求、面向人民生命健康。

(一)面向世界科技前沿，抢占科技创新制高点

从科技发展规律的角度看，没有面向世界科技前沿的前瞻性基础研究、引领性原创成果的重大突破，就很难产生开创性、颠覆性成果。在“四个面向”中，面向世界科技前沿起着基础和引领作用，它是管根本、管长远、管全面的，没有前沿科技的突破，面向经济主战场，面向国家战略需求，面向人民生命健康就是无源之水、无本之木。全面建设社会主义现代化国家，要求我们立足当前、放眼未来，更加重视面向世界科技前沿的基础地位和牵引作用，更好地面向世界科技前沿，密切地跟踪世界科技发展动向，加强基础研究，更加注重提高科技原创能力，抢占科技创新制高点，寻求重大突破，在不断的科学发现与认知突破中形成原始性创新，夯实我国科技强国建设的根基，为我国创新发展提供源源不断的高端前沿科技供给，满足创新发展的需要。

(二)面向经济主战场，为高质量发展提供强大科技支撑

我国经济已由高速增长阶段转向高质量发展阶段，正处在转变发展方式、优化经济结构、转换增长动力的攻关期，建设现代化经济体系是跨越关口的迫切要求和我国经济发展的战略目标。建设现代化经济体系，推动经济发展质量变革、效率变革、动力变革，都需要强大的科技支撑。从科技发展的趋势来看，我们正迎来第四次工业革命的浪潮，机遇与挑战并存。实践证明，每一次科技革命都会给经济带来一个黄金发展期，抓住机遇，就能获得突破与发展。今后，要想使我国经济突破发展瓶颈、从大到强，确保能够应对人口老龄化、消除贫困、保障人民生命健康等方面的挑战，都离不开科技创新。为此，我们要坚持科技工作面向经济主战场，推动科技与经济深度融合，围绕产业链部署创新链，围绕创新链部署产业链，形成科技与经济在各方面的相互衔接、精准对接、耦合互动，形成科技创新支撑产业创新、产业创新拉动科技创新的

正反馈效应，不断完善产学研深度融合的技术创新体系，为经济高质量发展赋能添力。

(三)面向国家重大需求，为繁荣富强提供战略支撑

科技兴则民族兴，科技强则国家强。“科技是国之利器，国家赖之以强，企业赖之以赢，人民生活赖之以好。”从科技事业自身发展规律的角度看，坚持需求导向，面向国家重大需求，谋划我国科技战略，就会拉动和推动科技发展，这就是需求牵引的科技发展机制与客观规律。为此，我们要坚持面向国家重大需求，谋划部署科技重大战略攻坚战，加强对关系根本和全局的科学问题的研究部署，在关键领域和“卡脖子”的地方下功夫，深挖开掘，取得突破，努力实现关键核心技术自主自控。坚持面向国家重大需求，就是要想国家之所想、急国家之所急，努力破解国家发展的战略难题，在战略必争领域抢占科技制高点，寻求新的增长点，获得新的突破，为国家繁荣富强提供战略支撑力量。坚持面向国家战略需要，就是要使科技创新与国家发展同向同行，更加符合国家核心利益和重大需求，为经济社会健康可持续发展和国家长治久安服务。

(四)面向人民生命健康，践行人民至上、生命至上

科技的本质是以人为本，提升人的生活品质，让人的生活更美好。所以，科技工作面向人民生命健康，就要坚持人民至上、生命至上，以胸怀天下的家国情怀细心呵护人民生命安全，精心护佑人民身体健康，不断提升人民生活品质，满足人民日益增长的美好生活需要，实现人民幸福。人最宝贵的是生命，健康是人的幸福生活乃至生命安全的重要前提，人民健康是民族昌盛和国家富强的重要标志。坚持以人民为中心，首先体现为坚持人民至上、生命至上，呵护好人民群众的生命，维护好人民群众的身体健康。所以说，面向人民生命健康，是科技以人为本理念最集中、最现实、最深刻的体现，是坚持以人民为中心理念在科技工作中的生动体现和现实要求。

第三讲　新一代电子信息技术

新一代电子信息技术是指在传统电子信息技术的基础上，结合了人工智能、物联网、云计算、大数据等新兴技术形成的一种全新的技术体系，它具有高速、高效、高精度、高可靠性等特点，可以广泛应用于通信、计算机、电子、自动化、控制等领域。新一代电子信息技术的出现，将会对人们的生活、工作、学习等方面产生深远的影响，推动社会的进步和发展。

一、大数据

所谓大数据，在麦肯锡全球研究所的定义之下，指的是一种规模大到在获取、存储、管理、分析方面大大超出了传统数据库软件工具能力范围的数据集合，具有海量的数据规模、快速的数据流转、多样的数据类型和价值密度低四大特征。

通俗来说，大数据技术作为一种计算和分析的工具，主要用以处理具有海量、复杂以及多样化等特征的数据信息，其发展历史可以追溯到20世纪50年代，在早期数据管理阶段，计算机领域的主要问题之一是如何有效地存储、检索和管理数据。这个时期出现了多种技术来解决这些问题，其中包括文件系统、数据库和数据仓库等。文件系统是最早被开发的一种数据管理技术，它通过建立一组规则来组织和管理计算机上的文件，使得用户可以快速地访问和找到所需的文件。文件系统通常使用层次结构来组织文件，即将文件存储在文件夹中，并将文件夹组织成树形结构。这种方法虽然简单易用，但是随着数据量的增加，它的效率会逐渐降低。为了解决文件系统的局限性，数据库技术于20世纪60年代开始出现。数据库是一种更为高级的数据管理技术，它将数据存储在表格中，并使用结构化查询语言（SQL）来操作这些数据。相比于文件系统，数据库具有更好的数据安全性、可扩展性和灵活性。此外，数据库还支持多用户并发访问，使得不同用户可以同时访问同一个数据库。随着数据量的不断增加，单一的数据库已经不能满足企业的需求，因此在20世纪80年代出现了数据仓库技术。数据仓库是一个面向主题的、集成的、稳定的、非易失性的数据集合，用于支持企业决策过程中的查询和分析。数据仓库通常包括多个数据源，并使用ETL（抽取、转换、加载）工具将这些数据整合到一起。

在20世纪90年代到21世纪初，大数据的发展进入到了数据挖掘阶段，并且伴随着计算机技术的发展和互联网的普及，人们逐渐意识到大量数据中蕴含着巨大的价值。为了从这些数据中提取有用的信息并作出决策，人们开始使用数据挖掘、机器学习和人工智能等技术。数据挖掘是一种从大规模数据集中自动提取知识或信息的过程。这个过程包括数据预处理、特征选择、模型构建和模型评估等步骤。在数据挖掘的过程中，人们可以使用多种算法（如分类、聚类和关联规则挖掘）来实现对数据的分析和解释，从而发现隐藏在数据中的模式和规律。机器学习是一种人工智能的分支领域，其目标是让计算机通过学习算法来完成任务。机器学习算法可以根据已有数据的模式和规律调整模型参数，从而使模型更准确地预测未来数据的结果。在数据挖掘中，机器学习算法经常被用来进行分类、聚类和回归等任务。人工智能是一种涵盖多个领域的概念，包括语音识别、自然语言处理、计算机视觉和机器人技术等。

在数据挖掘阶段，人工智能技术主要被用来解决一些复杂的问题，如图像识别和语音识别等。其中深度学习是一种比较典型的基于神经网络的人工智能技术，它可以通过多层次的非线性变换来提取特征，从而实现对高维数据的分类和预测。

随后，针对大数据技术的研究进入了分布式计算机阶段。分布式计算（Distributed Computing）是指利用多台计算机协同工作来完成一个任务，以达到提高计算速度、增强可靠性等目的。在 20 世纪初至 21 世纪刚开始的几年内，随着互联网技术和大数据时代的到来，数据量不断增加，单个计算机已经无法满足处理海量数据的需求，因此出现了分布式计算技术。

Hadoop 是一种开源分布式计算框架，它基于 Google 的 GFS（Google File System）和 MapReduce 算法进行设计，能够对大规模数据进行分布式处理和存储。Hadoop 中的核心组件包括 HDFS（Hadoop Distributed File System）和 MapReduce。HDFS 是一个分布式文件系统，可以让用户将数据存储在多台计算机上，并且具有自动备份等功能。MapReduce 则是一种分布式计算模型，它将任务分成 Map 和 Reduce 两个阶段，实现了数据的并行计算。Spark 也是一种开源分布式计算框架，与 Hadoop 相比，Spark 更适合处理迭代计算和交互式查询等复杂应用场景。Spark 主要的特点是内存计算和任务调度，使得其比 Hadoop 的 MapReduce 更为快速和灵活。Spark 提供了多种高级编程接口，如 Scala、Java 和 Python 等，使得开发人员可以更方便地使用 Spark 进行分布式计算。

自 21 世纪第一个 10 年中期以来，随着大数据应用场景的不断增加，各种大数据软件和技术不断涌现，形成了一个完整的大数据生态系统。这个生态系统包括 Hadoop 生态系统、Spark 生态系统、NoSQL 数据库等。在大数据生态系统阶段，随着大数据应用场景的不断增加，各种大数据软件不断涌现。这些软件包括数据存储和处理技术、机器学习框架、数据可视化工具等。在数据存储和处理方面，Hadoop 生态系统是最为著名的。它由分布式文件系统 HDFS 和分布式计算框架 MapReduce 组成，可以处理非常大的数据集。除了 Hadoop，还有其他类似的开源解决方案，如 Apache Spark、Apache Flink、Apache Storm 等。这些解决方案提供更快速、灵活的数据处理方式，并且可以支持实时数据流处理。在机器学习方面，TensorFlow、PyTorch、Scikit－learn 等框架为开发人员提供了强大的工具来构建和训练模型。这些框架不仅支持传统的监督学习和无监督学习，还支持深度学习和自然语言处理等高级应用。

此外，大数据生态系统中也有一些工具来帮助人们更好地理解和呈现数据。例如，Tableau、Power BI、QlikView 等可视化工具可以从多个角度展示数据，使得数据分析变得更加直观和易于理解。

近年来，我国通过《促进大数据发展行动纲要》和大数据产业发展规划以及形成了大数据健康发展的法律保护体系，极大地促进了大数据产业有序发展，并且随着大数据应用场景的不断增加，大数据生态系统中的各种软件和工具也在不断涌现。这些工具为数据科学家、工程师、分析师等提供了一整套解决方案来处理、存储、分析和呈现庞大的数据集。

二、人工智能

人工智能的历史可以追溯到 20 世纪 50 年代，现在公认这一概念的起源是达特茅斯会议。实际上在此之前，还有个会议同样意义非凡，也就是学习机讨论会。参加这次会议的塞弗里奇和纽厄尔在次年参加了达特茅斯会议，他们在会议上分别发表了有关研究模式识别的文章和有关计算机下棋的研究课题。他们两人的研究代表了两派观点，一人企图模拟神经系统，而另外一人企图模拟心智，这也在一定程度上预示了人工智能在未来几十年关于“结构与功能”两个层面、两条路线的斗争。

1956年达特茅斯会议的召开，可谓是人工智能领域的里程碑事件，这次会议汇聚了包括计算机科学、心理学、语言学等学术领域的专家，奠定了人工智能的基本研究方向。20世纪60年代，专家系统的发展改变了人工智能的应用思路。所谓专家系统是指基于专家知识的计算机程序，能够模拟人类专家的决策过程，它通过将专家的知识规则、经验和推理方式转化为计算机可识别的形式，并使用推理机制来模拟专家决策的过程。专家系统通常由知识库、推理引擎和用户接口三部分组成，知识库是专家系统的核心组成部分，它包含了专家的知识和经验，通常是以规则的形式存储，而规则是由条件和结论组成的，当条件满足时，专家系统会根据规则推理出相应的结论。专家系统中的推理引擎能够根据知识库中的规则执行指令，以解决用户提出的问题。用户接口则是专家系统与用户交互的部分，它提供了用户与专家系统进行交互的方式，如语音输入、图形界面等。专家系统被广泛应用于医学、金融、法律等领域，它能够辅助人类决策，提高决策的准确性和效率。

20世纪80年代，深度学习的兴起拓宽了人工智能的应用范围。深度学习是一种基于神经网络的机器学习方法，它可以通过训练大量数据来学习数据之间的复杂关系，从而实现高精度的预测和分类。深度学习的核心是深度神经网络，它由多个神经网络层堆叠而成，每一层都有多个神经元，每个神经元都将输入信号进行加权和处理，再通过一个激活函数生成输出。深度神经网络的输入一般是原始数据，如图像、语音等，输出则是预测结果，如图像分类、语音识别等。深度学习的训练过程一般采用反向传播算法，即从网络输出层向输入层反向传播误差，依次更新每个神经元的权重和偏置，使得网络的预测结果与实际结果更加接近。深度学习还可以使用一些优化算法，如随机梯度下降（SGD）、Adam等，来加速训练过程。现如今，深度学习已经在图像识别、语音识别、自然语言处理等领域取得了重大突破，如AlphaGo在围棋领域的胜利、人脸识别技术等。深度学习的优点是能够自动学习复杂的特征和规律，不需要手工设计特征，适合处理大规模数据。但是，深度学习模型的训练需要大量的计算资源和时间，模型复杂度高，训练难度大，需要专业的技术人员进行设计和调试。

早在21世纪初期，AI的商业化趋势就已见端倪，人工智能的商业化指的是将AI技术应用到商业领域，以提升商业效率、降低成本、改善用户体验等目的。人工智能商业化的应用场景包括但不限于以下几个方面：

智能客服：利用自然语言处理（Natural Language Processing，简称NLP）和机器学习（Machine Learning，简称ML）等技术，实现对话式交互，提升用户服务质量和效率。

智能营销：通过数据挖掘和预测分析等技术，实现定向广告投放、个性化推荐等功能，提升营销效果和用户满意度。

智能制造：利用机器视觉（Machine Vision）和自动控制等技术，实现生产过程的自动化和智能化，提升生产效率和产品质量。

智能金融：利用大数据分析和风险评估等技术，提升金融机构的风险控制能力和用户服务水平，推动金融业的数字化转型。

智能医疗：利用医学影像分析和临床决策支持等技术，提升医疗诊断和治疗效果，为医疗行业带来更多的创新和发展机会。

人工智能商业化的发展，离不开数据、算法和计算能力的支持。同时，人工智能技术的商业化应用，还需要面对一系列的挑战，如数据隐私保护、算法公正性和人机合作等问题。未来，随着人工智能技术的不断进步和发展，人工智能商业化的应用场景将会更加丰富和广泛。

现如今，人工智能已经成为世界科技领域最受关注的内容之一，其发展前景极为广阔。在人工智能的不断进步之下，人类文明将会迎来新一轮科技革命，届时它会彻底改变社会形态以及我们每个人的日常生活。一方面，在教育、金融、交通等众多社会服务领域，人工智能都可以称得上尽其所用。就拿最贴近普罗大众的智能云家具来说，通过互联网对常用家具进行智能化设计，丰富其功能，让寻常的家具能够满足人性化的服务需求，使用户能够通过简单的语音指令触发家具的开关，甚至远程操控家具运转，从而极大地提升了人们日常起居的便捷性和舒适度。另一方面，人工智能的崛起也不得不让我们产生更加深远的思虑。未来人工智能的先进程度极有可能是人类所不能比拟的，从早年柯洁对战 AlphaGo 惨败后泪泣棋盘我们不难看出，人工智能通过先进的算法，与人类的执行力相比具有绝对的优势。因此在未来，社会产业结构的变革是大势所趋，人工智能将会在众多社会岗位取代人类，因此基于人工智能的数字劳动必然会产生对“主体”层面的争论，并且在人工智能发展的过程当中也必将面对一系列人文道德问题。但是总的来说，人工智能的发展利大于弊。当人工智能对我们日常生活的融合度越来越高时，用户也将会潜移默化地接纳智能技术的革新，并且我们有充分的理由相信在人工智能深度发展的未来，我们将会乘上科技进步的快车直入青云。

我国政府于 2017 年发布了《新一代人工智能发展规划》，旨在推动人工智能技术的发展和应用，并提出了一系列政策、目标和路线图，进一步促进人工智能技术的研发和应用，另外政府还设立了一系列国家级人工智能创新平台，如中国人工智能产业创新联盟和国家自动化智能协同创新中心等。同时，还设立了一些示范区，如北京、上海等城市建设了人工智能产业发展示范区。可以预见的是，人工智能技术的发展前景非常广阔，并且其应用场景将会越来越丰富，涵盖的领域也会越来越广泛。未来，随着人工智能技术的不断发展和进步，它将会成为推动社会进步和发展的重要力量。

三、区块链

区块链是一种去中心化的分布式账本技术，可以安全地记录和验证交易与数据。它是由许多互联网用户组成的网络，这些用户通过专门的计算机节点来管理、存储和验证所有交易和数据。在一个区块链网络中，每个交易都被称为一个“区块”，并且每个区块都包含了先前所有交易的摘要信息。这些区块按照时间顺序被链接在一起，形成了一个不可篡改的“链”。区块链的安全性主要基于两个方面。一方面，每个节点都有完整的副本，所以即使有一部分节点出现问题或者遭受攻击，其他节点仍然可以保持账本的完整性；另一方面，交易只能被网络中授权的用户验证和批准，并且所有记录都是公开可见的，从而确保交易的透明度和可追溯性。现如今，区块链技术已经广泛应用于加密货币、金融、物流、供应链管理、医疗保健等领域。它被认为是一种具有潜力的技术，可以提高数据安全性、降低交易成本和增强透明度和信任度。

现如今，区块链技术已经应用于多个领域。

(一)数字货币

数字货币是指使用数字技术发行和交易的一种电子货币。区块链技术是实现数字货币去中心化、安全性和公正性的关键技术，它能够记录所有交易并通过分布式共识算法来保证账本的完整性。比特币是最早采用区块链技术的数字货币，它没有中央机构管理，也不需要第三方信任机构的介入，使得它在交易效率和隐私保护上具有独特优势。随着比特币的兴起，越来越多的数字货币开始采用区块链技术，并出现了更多种类的区块链，如公有链、联盟链和私有链等。以太坊是一种基于区块链的智能合约平台，它允许开发者在其上构建去中心化应用程序（DApp），并使用以太币作为支付代币。莱特币和瑞波币则是比特币的变体，它们相对于比特币，在交易速度、费用和可扩展性上有所提高。区块链技术为数字货币的发展提供了强大的支撑，使得数字货币成为一个更加安全、透明和去中心化的货币形式。

(二)智能合约

智能合约是一种程序代码，它可以在区块链上自动执行，并且不需要人为干预。智能合约可以实现多种功能，如管理数字资产、执行复杂的商业规定、验证交易、监测事件等。因为智能合约运行在去中心化的区块链上，所以它们非常安全，并且不容易被篡改。以太坊是目前最流行的智能合约平台之一，它允许开发者编写和部署各种类型的智能合约，包括资产管理、投票、保险、不动产交易等多个领域。智能合约可以被视为一个自动执行的“合同”，并且可以被多个参与者共同遵守，从而使得商业活动更加公正和透明。智能合约的优点包括自动化、高效性、节省成本、透明度等。但同时，它也存在一些挑战，如代码漏洞、隐私保护、监管等方面的问题。

(三)供应链管理

供应链管理是指对整个供应链中的物流、质量、支付等环节进行有效的跟踪和管理，以确保产品能够按时交付，并且符合客户的要求。然而，传统的供应链管理存在诸多问题，如信息不透明、信任度低、数据安全难以保障等。这些问题可能导致信息共享不畅、数据造假等不良后果。区块链技术具有去中心化、分布式存储和不可篡改等特点，能够有效解决这些问题。通过将供应链数据记录在区块链上，各方可以实时地查看并验证数据的真实性和完整性，从而提高信息透明度和信任度。例如，麦当劳在中国使用区块链技术来跟踪肉类的来源，从而保证食品安全。消费者可以扫描包装盒上的二维码，获取肉类的生产批次、运输轨迹等信息，进一步增强了消费者对麦当劳产品的信任度。除了增强供应链的透明度和信任度，区块链技术还可以帮助优化供应链管理。它可以自动化货款结算，减少人工干预，提高效率和降低成本。

(四)物联网

物联网（loT）的安全性和隐私保护一直是个热门话题。区块链技术可以为 loT 设备提供更高的安全性和隐私保护。通过使用区块链，设备之间的数据交换可以通过去中心化的方式进行，并且每次交互都会被记录在区块链上，这使得数据不易被篡改。此外，区块链技术还可以确保数据只被授权的设备访问，从而防止未经授权的设备获取敏感数据。因此，将区块链技术应用于 loT 设备，能够有效地提高其安全性和隐私保护，为用户提供更加可靠的智能家居体验。

(五)金融服务

区块链技术通过去中心化、不可篡改的账本记录和智能合约等特性，为金融服务行业带来了革命性的变革。在国际汇款方面，区块链可以提高转账速度和透明度，同时减少中间环节和手续费用。在证券交易领域，区块链可以提高交易效率和可信度，避免了传统金融中心化机构的单点故障风险。在保险索赔方面，区块链可以实现自动化理赔流程，并确保索赔信息的真实性和公正性。因此，区块链技术对于金融服务行业的未来发展具有重要意义。

(六)医疗健康

区块链技术在医疗健康领域的应用可以提高医疗记录的安全性和可追溯性，从而改善医疗卫生服务的效率和准确度。通过将医疗信息存储在去中心化、分布式的区块链网络上，医院、医生和患者可以方便地共享和访问病历和处方，同时保留医疗信息的完整性和隐私，避免了传统的中心化存储系统中可能存在的数据篡改或泄露问题。此外，区块链技术还可以为医疗机构提供更好的管理和监控工具，如追踪药品流通和管理医院资源等，有助于优化医疗服务的规划和运作。

当然，区块链技术的应用领域远远不止以上几例，并且随着技术的不断发展和创新，区块链技术的应用场景也将会愈发丰富。目前，我国已经出台了一系列支持区块链发展的政策，如工业和信息化部、中央网络安全和信息化委员会办公室联合发布的《关于加快推动区块链技术应用和产业发展的指导意见》，明确将区块链技术创新作为我国核心竞争力的重要突破口，提出了加快区块链技术研发和标准化制定、推动政府信息化和服务数字化改革、加强区块链人才培养等方面的具体措施，为区块链行业的创新和发展提供了良好的政策环境。

四、量子通信与量子计算机

量子通信和量子计算机是两种基于量子力学的新兴技术。它们的发展历史可以追溯到20世纪初期，但直到最近几十年才真正开始得到广泛关注。

20世纪早期，爱因斯坦（Albert Einstein）、波多尔斯基（Boris Podolsky）和罗森（Nathan Rosen）提出了著名的EPR悖论，这个悖论表明，如果存在一对相关的粒子（比如说两个电子），那么无论它们之间相距多远，它们之间的相互作用都会瞬间影响对方，这种现象被称为“量子纠缠”。20世纪60年代，查理斯·贝内特（Charles Bennett）和吉勒·布拉萨（Gilles Brassard）提出了量子密钥分发(QKD)的概念，利用量子测量的不可逆性来实现安全的密钥分发。随着技术的发展，QKD系统得到了实现，并已经在银行、军事等领域得到了广泛应用。

21 世纪初期，中国科学家朱照宇等人成功地实现了卫星—地面之间的量子通信。这标志着量子通信进入了实际应用阶段，也为将来更广泛的量子通信应用奠定了基础。

20 世纪 80 年代，物理学家理查德·费曼（Richard Feynman）提出了用量子力学来模拟复杂系统的概念。他认为，如果能够建造一种基于量子力学的计算机，那么它将比任何经典计算机更有效地模拟量子系统。20 世纪 90 年代，彼得·肖尔（Peter Shor）提出了一种利用量子算法在多项式时间内分解大整数的算法，这个算法被称为 Shor 算法。这个算法引起了广泛关注，因为它破解了当前用于安全通信的 RSA 加密算法，从而使得传统的加密技术变得不可靠。随着量子技术和量子算法的不断发展，量子计算机变得越来越强大。2019 年，科技巨头谷歌（Google）实现了所谓的“量子霸权”，即利用一台名为 Sycamore 的量子计算机执行了一个超过经典计算机能力的计算任务，这标志着量子计算机已经进入了实用阶段，并对未来的计算机科学产生深远影响。

量子通信是一种基于量子力学原理的通信技术，利用量子态的特性实现信息传输。相比传统的经典通信技术，它具有更高的安全性和可靠性。量子通信技术的应用范围十分广泛，包括密码学、网络安全、计算机科学、物理学、生命科学等领域。尽管目前量子通信技术仍处于发展初期，但它已经在某些特定领域展示出了巨大的潜力，并且在未来有望利用量子纠缠和非局域性实现更多的应用。以下介绍几个量子通信技术的应用。

量子密钥分发：量子密钥分发是量子通信中最常见的应用之一，它利用量子纠缠和单光子测量等技术生成一对密钥，由于量子态的不可复制性和随机性，这个密钥可以保证完全安全。在密钥分发过程中，如果窃听者试图拦截密钥，就会破坏量子态，从而被发送方和接收方发现。因此，量子密钥分发可以实现完全安全的秘密通信。

量子隐形传态：量子隐形传态是一种利用量子纠缠状态实现信息传

输的技术。 在这种技术中，发送方通过测量自己手上的一些量子态，使得接收方手上的量子态和发送方所持有的某些量子态处于纠缠状态，然后将信息植入发送方手上的量子态上，通过量子态之间的非局域性实现信息传输。 与经典的信息传输方式不同，量子隐形传态可以保证传输的安全性和完整性。

量子计算:量子计算是应用量子力学原理来进行高速计算的新型计算模式。 由于量子态的叠加和纠缠状态具有经典计算所不具备的优势，量子计算可以解决某些经典计算问题在时间或空间上的指数增长。 在某些应用场景下，量子计算可以实现更高效的数据处理、模拟和优化。

量子感知:量子感知是一种利用量子态的特性进行测量和检测的技术。 它可以用来提高成像和测距等应用的精度，并且可以实现对微弱信号和噪声的探测和抑制。 量子感知还可以用于量子版的合成孔径雷达（SAR）和量子版的磁共振成像（MRI）等领域。

量子计算机：量子计算机是一种可以实现量子计算的机器，它通过量子力学规律以实现数学和逻辑运算，处理和储存信息。 量子计算机是一个物理系统，它能存储和处理用量子比特表示的信息。 量子计算机和许多计算机一样都是由许多硬件和软件组成的，软件方面包括量子算法、量子编码等，在硬件方面包括量子晶体管、量子存储器、量子效应器等。 现将当前量子计算机技术的一些应用列举如下：

加密：传统的公钥密码体系采用数学上复杂的算法来保护信息安全，但是在量子计算机的出现下，这些算法很可能被轻易破解。 相比之下，基于量子力学的加密方法利用了物理学的性质，在发送消息的双方之间共享随机生成的量子密钥来加密和解密信息。 由于量子态的特殊性，任何对量子密钥的窃听或干扰都会被立即察觉，并且这种加密方法也不容易被破解。 目前，许多机构正在积极探索并开发量子密钥分发等基于量子力学的加密技术，以应对未来可能出现的加密安全挑战。

化学和材料科学：量子计算机利用其独特的量子力学特性，来处理经典计算机难以处理的计算，可以实现对复杂化学反应过程的模拟。这一优势使得量子计算机在药物设计、材料设计和催化剂开发等领域具有潜在的应用价值。通过模拟分子结构和反应动力学过程，研究人员可以更好地理解化学反应机制和性质，并且设计出更有效的化合物和材料。此外，量子计算机还可以帮助科学家们快速筛选大规模的化合物库，以寻找最佳候选化合物。

优化问题：许多实际问题可以被转换成优化问题，如旅行商问题和车辆路径问题等。量子计算机可以通过量子并行性和量子随机游走等技术，在很短的时间内找到最优解或次优解。

人工智能：量子计算机的并行处理能力可以大幅度提高一些机器学习算法的效率，如支持向量机和矩阵分解。此外，它们还可以用于模拟神经网络，可通过快速训练和推理来改进深度学习模型。因为量子计算机的能力更高，因此它们在处理大规模、复杂的数据集时可能更具优势。

金融：在金融领域，量子计算机的高速计算能力可以帮助优化投资组合，通过解决大规模线性方程组问题来实现。此外，量子计算机还可以在短时间内计算复杂的风险值，从而提高交易决策的准确性。同时，量子计算机还可用于模拟各种交易策略，以便更好地理解市场动态和预测市场趋势。这些应用有望在未来推动金融行业的创新发展。

大数据处理：传统的计算机在处理大数据时需要消耗大量时间和计算资源，而量子计算机可以通过利用其高维空间中的量子特性，在更短的时间内搜索和处理大规模的数据集合。具体来说，量子计算机可以使用量子并行算法进行概率采样，同时可以对多条数据路径进行处理，从而提高处理效率。这种能力使得量子计算机在解决一些传统计算机无法处理的大规模数据问题时具有重要意义。

量子仿真：量子仿真是指利用量子计算机模拟其他量子系统的行为。它可以应用于分子模拟、反应催化剂设计、硬件系统仿真和物理过程模拟等领域，有望帮助我们更好地理解和优化这些复杂系统的性能和行为。此外，量子仿真还可以在量子化学、量子物理学、材料科学等领域推动基础研究和应用开发的不断发展。

五、云计算

云计算起源于 20 世纪 60 年代的虚拟化技术，该技术允许将物理硬件资源划分为多个逻辑部分以进行更高效的利用。在过去几十年中，随着计算机技术和网络技术的迅速发展，云计算已经成为一个重要的商业模式。云计算作为一种新型的信息技术服务模式，其具体定义并没有明确的标准，但通常指的是通过互联网提供基础设施、平台和软件等各种计算资源和服务的一种计算模式。它可以被视为一种能够使用户“任意存取”的分布式计算模式，使用者可以根据自己的需求动态调整所需要的计算、存储和带宽等资源，并只需按照实际使用量付费，无须购买昂贵的服务器硬件和软件，这样可以极大地降低企业的成本。

在云计算技术的发展历程当中，主要经历了三个阶段。

第一阶段，计算、存储和应用程序都运行在本地客户端或单一服务器上，不同的应用程序之间缺乏有效的资源共享和交互。这种模式下，企业需要购买和维护所有计算机硬件设施，包括服务器、存储设备和网络设备等。这些设备经常需要升级和替换，这会增加企业的成本和复杂性。同时，由于每个应用程序都运行在单独的服务器上，资源利用率很低。例如，某个服务器可能只使用了其计算能力的一小部分，而另一个服务器可能处于超负荷状态。在此模式下，不同的应用程序之间缺少有效的资源共享和交互。因此，当企业需要多个应用程序之间进行数据或服务交换时，必须通过编写和维护复杂的集成代码来完成。这使得应用程序之间的集成变得非常复杂，难以维护和扩展。此外，在第一阶段中，企业需要为每个应用程序构建复杂的软件系统来管理硬件设施。这些系统需要提供许多功能，如监视和管理硬件、安全性、可靠性和容错性等。这些系统也需要定期更新和升级，这会耗费企业大量的时间和金钱。由于硬件资源和软件系统的局限性，企业往往无法满足快速变化的业务需求。例如，如果企业需要增加一个新的应用程序或扩大现有的应用程序，可能需要购买新的硬件设备和重新编写软件代码。这会导致资源浪费和效率低下等问题。因此，企业需要新的解决方案来满足不断变化的业务需求，并提高资源利用率和效率。

第二阶段，虚拟化技术被广泛应用于企业和云计算中，其主要目的是通过有效地利用物理硬件资源来提高计算效率、降低成本并实现更好的灵活性。服务器虚拟化是其中最常见的一种形式，它可以将一台物理服务器虚拟化为多个独立的虚拟机，每个虚拟机可以运行不同的操作系统和应用程序，从而实现更好的资源共享和管理。这种技术可以帮助企业更好地利用服务器资源，同时也可以提供更好的容错和可用性。存储虚拟化是另一种常见的虚拟化形式，它可以将多个存储设备整合为一个虚拟池，并提供给用户进行使用。这种技术能够实现数据在不同存储设备之间的无缝迁移，使得数据管理更加简单且数据安全性更高。网络虚拟化则是指在物理网络基础之上构建虚拟网络，以实现更好的网络资源管理和使用。这种技术可以使多个虚拟网络并行存在于同一个物理网络之中，实现更好的隔离和安全性，同时还可以提供更好的服务质量和带宽控制等功能。虚拟机监控器（Hypervisor）是实现这些虚拟化技术的重要组件，它是一种软件层，可以将物理硬件资源抽象为虚拟计算资源，并管理和调度这些资源的使用。虚拟机监控器可以对虚拟机进行监控、管理和调度，在不同虚拟机之间实现资源隔离和安全性保护。

第三阶段，云计算的兴起彻底改变了传统的信息技术模式。基于虚拟化技术的云计算架构，能够为用户提供可靠、可扩展和灵活的计算资源和服务。这些服务通过数据中心提供，而数据中心是由大量的服务器组成的，这些服务器可以同时为多个用户提供服务。在云计算的不同层次中，IaaS 提供了虚拟机、存储和网络等基础设施服务；PaaS 则提供了开发平台和环境，帮助开发人员建立应用程序；而 SaaS 则是一种面向最终用户的应用软件服务，让用户可以直接使用应用程序而无需关注底层架构。此外，云计算还有很多新概念和功能，如云资源池，它可以将多个物理服务器组合成一个虚拟资源池，从而更加高效地使用计算资源。弹性伸缩则可以根据实际需求自动增加或减少计算资源，以适应业务的变化。按需计费则让用户只需支付实际所使用的计算资源，而非固定的费用。

随着云计算技术的不断发展和普及，其应用范围也得到了大幅度提升，变得愈发广阔，其对企业 IT 转型、人工智能、物联网、医疗健康、金融服务、教育培训等多个领域都产生了极大的影响。就拿我国知名互联网公司阿里巴巴和腾讯为例，其云计算业务提供了包括弹性计算、存储、数据库、网络、安全等在内的一系列云服务，其中阿里云不仅在中国市场占据领先地位，还在全球范围内扩展业务，成为全球四大云计算服务提供商之一。在未来技术力不断提升和演进的情况下，云计算技术的应用范围和深度也将得到进一步提升。

六、物联网

物联网是指一种通过互联网使物体之间互相连接并实现智能化、自动化交互的技术体系。它将传感器、嵌入式系统、网络技术和人工智能等多种技术相结合，实现了设备之间的数据共享、信息互通和自主决策，可以广泛应用于工业、农业、医疗、城市管理、交通等领域。物联网技术将人类创造的物体连接起来并赋予其智能化和自主决策能力，可以帮助我们更好地管理和利用资源，提高生产效率和生活质量，并为人类未来发展带来新的机遇。

在20世纪70年代，美国军方开始研究如何利用计算机技术来进行自动化战争管理，这是物联网发展的早期阶段之一。为了实现这个目标，研究人员不得不探索分布式系统、无线传感器网络和互联网等技术。分布式系统是指将计算机资源分散在多个地点，以实现更高效的数据处理和通信。由于物联网中涉及大量的传感器和设备，这种架构对于物联网的发展具有重要意义。无线传感器网络则是指利用无线通讯技术连接大量的传感器，从而可以实现对环境的监测和控制等功能。随着计算机技术的不断进步，20世纪80年代末期出现了第一批能够实现远程控制的智能家居系统和智能建筑系统。这些系统采用了传感器和控制器等技术，使得用户可以通过手机或电脑来远程控制家居设备，如灯光、温度等。这些系统虽然成为物联网的雏形，但由于成本过高，很难普及到大众生活中。总的来说，物联网的雏形阶段是从20世纪70年代到90年代初期，这个时期出现了一系列关键技术和应用。虽然当时的技术还不够成熟，但这些早期的探索和实践为后来的物联网发展奠定了基础，并且将物联网的概念引入了人们的视野。

在20世纪90年代至21世纪初，物联网概念的提出为未来的智能化世界铺平了道路。凯文·阿什顿在MIT Auto—ID实验室的一次会议上首次提出了“物联网”这一概念，他预测未来数十亿的设备和物品将与互联网相连，形成一个巨大的网络。物联网是指通过无线传感器、RFID、智能电表等技术手段来将各种设备和物品连接到互联网之中，从而实现智能化管理和控制。这个概念的提出极大地推动了物联网技术的发展和应用。其中，RFID技术是实现物联网的关键技术之一。RFID

标签可以被安装在各种物品上，当与读写器相连时，可以自动识别并读取物品的信息，并将这些信息上传到云端服务器进行处理和分析。这使得物品的自动识别和跟踪成为可能，从而推动了物流和供应链管理的智能化和自动化。除了 RFID 技术外，智能电表、智能卡以及无线传感器等技术也开始逐渐发展。智能电表可以帮助用户监控和管理用电情况，实现精准计费和用电控制。智能卡则可以存储用户的各种信息，如身份证、银行卡等，实现多种场景下的自动化认证和支付。无线传感器则可以采集环境数据，如温度、湿度、压力等，为智能城市、智能家居等各种应用提供基础数据支持。总之，物联网的概念和技术的发展极大地推动了智能化世界的到来，为各种行业提供了更加高效、便捷、可靠的管理和控制手段。同时，也带来了一系列新问题和挑战，如信息安全、隐私保护等方面需要进一步研究和解决。

在 21 世纪初期，物联网技术开始快速发展并逐渐商业化。2003 年欧洲推出了 EPCglobal 标准，这一标准为 RFID 技术的应用提供了基础，并促进了物品追踪和管理方面的精确度和效率的提高。RFID 技术使得物品可以被无线接收器跟踪识别，从而实现对物品的自动化追踪和管理，为物流、零售等行业带来了重大的效益和改变。在物联网技术的商业化过程中，智能手机的出现也起到了至关重要的推动作用。2008 年，Google 推出了 Android 系统，该系统提供了一种全新的手机智能化体验并支持物联网设备的连接和控制。同年，苹果公司发布了第一个 iPhone，开创了移动互联网时代。iPhone 的出现让人们开始意识到移动计算机将会成为未来的主流设备之一，同时也为物联网技术的融合发展提供了极大的可能。

智能手机的发展加速了人们对物联网技术的认知和使用。随着物联网技术的不断发展和完善，越来越多的智能设备能够相互连接和通信，形成了一个庞大的物联网生态系统。在这个生态系统中，智能手机和其他智能设备相互协作，实现了更加便捷、高效、安全以及可靠的数据传输和信息交换。除此之外，云计算等技术也为物联网的快速发展提供了有力支持。云计算可以将海量的物联网设备产生的数据进行有效处理和分析，从而为人们提供更好的服务和体验。在物联网技术的推广过程中，云计算技术的应用使得物联网变得更加灵活、可扩展、可管理，并且减少了部署和维护成本。

在21世纪第一个10年，物联网技术经历了快速的商业化阶段，同时受到RFID技术、智能手机以及云计算等多方面技术的推动和促进。随着物联网技术的不断完善和发展，它将会在未来的各个领域中发挥越来越重要的作用，为人类带来更多的便利和美好的未来。

自2010年以来，物联网技术一直处于高速发展的阶段，各种新技术不断涌现，特别是5G技术、人工智能和大数据分析等技术的快速发展给物联网技术的发展带来了极大的推动力。在应用方面，许多公司开始将物联网技术应用到生产、零售、医疗、交通等领域中。在制造业中，物联网技术可以实现设备之间的互联和自动化控制，从而提高生产效率和质量。在零售业中，物联网技术可以实现对商品的实时追踪和管理，以便更好地满足客户需求。在医疗领域中，物联网技术可以实现设备之间的互联，使得医护人员可以更好地监测患者的健康情况并进行及时的干预。在交通领域中，物联网技术可以实现车辆之间和道路设施之间的互联，从而提高交通安全和效率。尤其是在2019年以后，新冠疫情的暴发使得人们更加关注无接触、智慧医疗和智慧城市等领域，物联网技术得到了更广泛的应用。

七、第五代移动通信技术

第五代移动通信技术（5G）是当今世界上最先进、最快速的无线通信技术之一，为全球互联网增强了巨大的带宽和数据容量，提供了更加可靠和快速的网络连接。5G网络可以提供每秒多达20Gbps的下载速度，是4G网络的数倍，且其网络的延迟只有1毫秒左右，相比于4G网络的延迟低了10倍以上，并且5G网络支持连接更多设备，最多可以支持百万级别的连接，同时5G网络可以使用更高频的无线电波，为用户提供更加稳定的连接体验。

5G技术的起源可以追溯到早期移动通信系统的发展历程。从第一代（1G）的模拟语音通信，到第二代（2G）的数字语音和短信，再到第三代（3G）的移动互联网和视频通话，以及第四代（4G）的高速数据传输和实时多媒体应用，每个新一代的技术都在不断地推动着人们对更好、更快、更可靠的无线通信方式的追求。在这样的背景下，人们开始思考下一代移动通信技术——5G。

2010年左右，当4G技术已经开始广泛应用时，5G技术的研究和探索也逐渐兴起。最初，5G技术是由美国军方开发的，目的是要解决军队中士兵之间通讯的问题。这种技术需要具备超高频率、低延迟、大带宽等特点，以确保在高强度电子战环境下的通讯稳定性和可靠性。后来，随着5G技术越来越成熟和完善，该技术逐渐被引入民用领域，成为商业化的无线通信技术。5G技术的最大特点是其更高的传输速率、更低的延迟和更多的连接数量，这些特性将使得5G技术在许多应用场景中展现出巨大的优势，如智能城市、智能交通、智能医疗等领域。除此之外，5G技术还可以带来更好的网络容量和覆盖范围，以及更具个性化和定制化的服务体验。这样的技术进步将极大地推动数字经济的发展，并对各种产业的转型升级产生深远影响。

2018—2019年的试验阶段是5G技术发展过程中非常关键的一步。在这个阶段，各个国家和地区都开始在实验室或狭窄区域内进行5G技术的性能和可行性测试。试验的主要目的是测试5G网络的速度、带宽、延迟以及其是否可以支持大量设备连接等关键性能指标。通过试验，人们逐渐了解了5G的优势和局限性。5G技术的优势在于其更高的带宽和速度，这对于实时互动和数据传输非常有帮助。此外，5G网络还可以支持更多的设备同时连接，使得互联网的智能化应用更加普及和便捷，如智能家居、自动驾驶、医疗健康等领域。然而，在试验中也发现了5G技术的一些局限性。首先5G的穿透力相比4G有所降低，5G信号使用更高频率的电磁波，这些电磁波的波长更短，因此它们的穿透力较差，很难穿过建筑物、墙壁和其他障碍物。另外，5G信号的传输距离也比4G信号更短。这是因为高频率信号很容易被大气、水分子等自然障碍物吸收和散射，从而使信号损失更严重。因此，在未来的5G网络中，需要更多的基站和转发器来弥补信号损失的影响，以确保网络覆盖范围和稳定性。此外，在试验中还发现了一些与安全和隐私相关的问题，这需要在技术上进行进一步研究和完善。总体来说，2018—2019年的5G试验阶段为5G技术的发展提供了重要的基础和支持。试验的结果对于制定5G网络的标准和规范、优化技术性能、推广应用场景等方面都具有参考价值。

自2019年以来，5G技术已经进入了商用化阶段，并且在全球范围内推广。随着时间的推移，5G网络的商用应用范围也在逐步扩大，它已经成为未来数字经济发展的重要支撑。目前，5G技术的商用推广已取得了很多积极成果。首先，5G技术具有更高的传输速度和更低的网络延迟，可以提供更加高效的数据传输和处理能力。这使得5G技术在许多领域都有着广泛的应用前景，包括物联网、智慧城市、工业互联网等。其次，5G技术的商用推广涉及整个产业链的升级和转型，从而带动了相关产业的快速发展。例如，在5G基础设施建设方面，电信运营商需要投入大量资金进行网络部署和维护，同时还需要与设备制造商、芯片厂商等合作，以保证5G网络的稳定性和安全性。此外，5G技术的商用推广还促进了全球数字化进程的加速。通过 5G 技术，人们可以更加快速和便捷地获取信息、交流和合作。这也为数字经济的发展提供了新的机遇和挑战。目前，韩国、美国、中国、欧洲等多个国家和地区已经开始推广 5G 技术的商业应用。特别是在中国，华为公司在 5G 技术方面取得了显著的突破，处于国际领先水平，现如今华为公司的 5G 技术已经在全球范围内得到广泛应用。许多国家和地区的电信运营商选择使用华为公司的 5G 设备和解决方案。华为公司的 5G 技术为各行各业带来了巨大的机遇，包括智能交通、智能制造、物联网等领域。

放眼全世界，我国 5G 网络建设已经取得了重要进展，成为全球最大的 5G 市场之一。同时，许多企业也已经开始基于 5G 技术进行创新和开发，推动了 5G 技术的商业化应用，并且预计未来 5G 技术将会在数字经济发展中扮演着重要的角色。

5G 技术的未来发展趋势可以归纳为三个方面：大规模商用、技术创新和智能化应用。

首先，5G 技术已经开始大规模商用，但还需在全球范围内进一步建设和完善基础设施。许多国家和地区正在加速推广 5G 技术，以提供更好的网络体验。随着 5G 网络的不断扩建和升级，其应用范围将会越来越广泛，包括工业互联网、智慧城市、自动驾驶、远程医疗等领域，这将促进数字经济、智能制造、智慧交通等行业的发展。

其次，技术创新是 5G 技术未来发展的重要方向。除了已有的技术标准之外，5G 技术仍在不断发展和创新。人们正在研究如何进一步提高 5G 网络的速度、容量和安全性，并探索新的应用场景。例如，利用毫米波频段实现更高速率和更快速的数据传输，或使用网络切片技术，实现对不同行业、不同场景的定制化服务。

最后，智能化应用是 5G 技术未来发展的重要方向。随着 5G 技术的发展，人们期待其在各个领域带来更加智能化的应用。例如，利用

5G网络实现更快速、更精准的数据传输，以便人工智能等技术更好地发挥作用；将5G与物联网、云计算等技术结合，实现更多智能化场景，如无人超市、智慧停车等。

八、移动互联网

移动互联网技术的发展源于智能手机和平板电脑等便携式设备的出现，它们提供了一个更加方便和灵活的上网方式。随着4G、5G等无线通信技术的成熟，移动互联网技术越来越成熟，应用范围也越来越广泛。在移动互联网技术方面，最重要的是无线通信技术。目前，主流的无线通信技术有2G、3G、4G和5G。其中，5G技术可以提供更高的带宽、更低的延迟和更强大的容量，这为移动互联网应用带来了更多的机会。随着移动互联网技术的不断发展，各种应用也层出不穷。其中，社交媒体、在线购物、移动支付、共享经济、在线教育、智能家居等应用得到了广泛的应用和发展。这些应用在不同的领域和行业中得到了广泛的应用，从而推动了数字化转型和商业模式的变革。同时，移动互联网技术还支持一些新兴技术的发展，如人工智能、物联网等。这些技术都需要强有力的无线通信支持，移动互联网技术为它们的发展提供了坚实的基础。从发展结果上看，移动互联网技术的发展和应用是一个不断更新迭代的过程，它正在改变人们的生活方式、商业模式和社会结构，同时也为未来的科技发展带来了更多的可能性。

现如今，移动互联网技术已然渗透到我们生活的方方面面，成为每个人日常生活中无法割舍的重要内容。基于移动互联网技术的移动支付功能，消费者可以使用手机、平板电脑或其他便携式设备进行在线购物、转账、缴费等交易。相比传统支付方式，移动支付具有更高的效率、更广泛的应用范围和更强的安全性。同时，移动支付也为商家带来了更多的商业价值，可以促进销售增长，提升用户忠诚度。目前，移动支付已经在全球范围内得到广泛应用，包括中国的支付宝、微信支付、美国的 Apple Pay、Google Wallet 等。不同的移动支付方式有不同的优势和适用场景，如二维码支付适用于线下商店和小额交易，NFC 支付适用于近场通信距离内的支付等。随着技术的不断发展和用户需求的不断变化，移动支付将在未来继续发挥重要作用，并成为金融行业的重要分支之一。

又如，移动互联网技术在社交媒体中的应用也得到了全面普及，并且通过各种应用程序和网站实现人与人之间的沟通和交流。它已经成为人们日常生活中的重要组成部分，无论是个人、企业还是政府机构，都在不断地利用这种方式来进行信息传递、交流和营销。社交媒体的应用场景非常广泛，包括社交网络、即时通讯、在线论坛等。社交网络是最受欢迎的社交媒体之一，如 Facebook、Twitter、Instagram、LinkedIn 等。通过这些社交网络，人们可以方便地分享自己的生活、观点、图片和视频等，并与朋友或关注者互动。此外，市场营销人员也可以利用这些平台来推广品牌和产品。即时通讯是另一个广泛使用的社交媒体，如 WhatsApp、WeChat、Telegram 等。这些应用程序允许用户发送文本、语音、图像和视频等信息，而且是实时的。这种形式的社交媒体非常适合个人之间的交流和商业沟通。在线论坛则是另一种形式的社交媒体，如 Reddit、Quora、知乎等。它们提供了一个平台，让人们可以就某个主题或问题进行讨论和交流。这种社交媒体可以帮助人们获取有价值的信息和知识，也可以促进人与人之间的交流和理解。总的来说，社交媒体已经成为人们生活中不可或缺的一部分。它为个人、企业和政府机构提供了全新的交流渠道，并带来了更多的便利和机会。同时，我们也需要注意保护自己的隐私和安全，合理地使用社交媒体。

移动互联网技术的研发意义在于促进科技创新。移动互联网技术是一个高度复杂和多学科交叉的领域，它涉及计算机科学、通信技术、人工智能等多个领域的知识。通过不断地研发和创新，可以推动移动互联网技术的进一步发展，从而带来更多便利和改善人们的生活。其次，移动互联网技术的发展可以提升用户体验。移动互联网技术可以提供更加便捷、快速、安全的服务，让用户享受到更高水平的服务体验。随着技术的发展，移动互联网应用也越来越贴近用户，满足用户个性化的需求。此外，移动互联网技术已经成为经济增长的重要驱动力之一。它促进了商业模式的创新，使得传统行业得以转型升级。例如，在移动支付方面，移动互联网技术的应用已经彻底改变了人们的支付方式，并且促进了电子商务等数字经济的发展。移动互联网技术还可以帮助企业更好地提升效率和降低成本，进一步推动经济的发展。最后，移动互联网技术的发展还可以促进社会创新。通过不断地研发和创新，可以开创出更多新的业务模式和商业机会，从而催生出更多的社会创新。例如，在医疗健康领域，移动互联网技术可以帮助医生更好地进行诊断和治疗，也可以帮助患者更好地管理自己的健康状况。

九、高性能计算

高性能计算技术（High Performance Computing，简称 HPC）是指利用高度优化的软件和硬件工具，在短时间内处理大规模、复杂性高的计算问题。它通常包括并行计算、分布式计算、超级计算机等技术。并行计算是指将一个大型任务分解成多个小任务，同时在多个处理器上进行计算，最终将结果合并得到完整的答案。分布式计算是指将一个大型计算任务分割成多个小任务，然后在多台计算机上运行这些小任务，通过网络连接来协调和同步计算，最终将结果合并得到完整的答案。超级计算机则是利用并行计算和分布式计算技术，构建出高速的计算机集群，通过高速互联网络实现协同计算的技术。超级计算机的性能通常是普通计算机的数百倍甚至上千倍以上，可以应用于各种科学计算，如天气预报、流体力学、生物信息学等领域。除了硬件方面的优化，高性能计算还依赖于高效的编程模型和算法设计，如 MPI（Message Passing Interface）和 OpenMP（Open Multi－Processing）等并行编程模型，以及各种优化算法和数据处理技术。高性能计算技术在科学、工程和商业领域都有广泛应用，如在天气预报、地震模拟、基因组测序、3D 动画渲染等方面均可以提供强大的计算能力。

自 20 世纪 50 年代开始，随着科学研究、工程设计和军事应用对计算机高性能需求的增加，高性能计算技术得到迅速发展。高性能计算技术的起源可以追溯到 20 世纪 50 年代到 60 年代的原型阶段，其发展主要集中在数字计算机的硬件和软件方面。随着高性能计算技术的不断发展进步，研究人员逐渐使用更先进的材料和工艺来制造处理器、存储器和其他计算机组件，以提高它们的性能和可靠性。例如，晶体管被取代为更小、更快的集成电路，并且操作系统和编程语言也得到了改进，以支持更复杂的计算任务。同时，研究人员还将多台计算机连接起来，形成计算机集群或并行计算机，以处理更大规模的数据，完成更复杂的计算任务。这种方式可以同时利用多个处理器进行计算，从而大幅度提高计算速度。在原型阶段，高性能计算技术主要应用于科学、工程、国防等领域。后来，高性能计算机被广泛应用于天气预报、核能研究、医学图像处理等多领域。可以说，原型阶段是高性能计算技术发展的起点，通过不断的硬件和软件改进，以及并行计算的应用，逐渐实现了更快速、更强大的计算能力，为后续的多领域应用奠定了基础。

在 20 世纪 60 年代到 80 年代的向量计算机时代，计算机的性能主要通过提高时钟速度和增加处理器数量来实现。相比之下，向量计算机则采用了不同的方法：将大规模数据作为一个整体进行操作，从而提高计算效率。它们使用了一种称为“矢量处理器”的硬件设计，能够在单个指令中同时执行多个数据操作。这些指令可以被表示为单个向量运算，如向量加法、向量乘法等。除了硬件设计的改进，向量计算机还采用了高度优化的软件结构。向量操作需要特殊的编程技术，因此许多向量计算机都有专门的编译器和库，以便程序员更轻松地利用向量处理器。这种创新在科学和工程领域得到了广泛应用。例如，在天文学中，向量计算机被用于分析星系和行星的运动；在气象学中，向量计算机被用于预测天气和气候变化；在工程设计中，向量计算机可以在短时间内完成复杂的计算任务，如流体动力学模拟和结构强度分析等。虽然向量计算机在解决某些问题上表现得非常出色，但它们也有一些限制。例如，它们专注于处理大规模数据，因而在处理小规模数据时可能效率不高。此外，向量计算机的成本非常昂贵，使得只有少数机构才能用得起它们。总体而言，向量计算机是计算机发展历史上的一个重要里程碑，为科学和工程领域带来了巨大的进步，并为今后的计算机设计和开发奠定了基础。

在 20 世纪 80 年代初，随着微处理器技术的发展和互联网的兴起，研究人员开始关注并行计算。并行计算利用多个处理器同时执行任务，可显著提高计算机性能。在此期间，出现了大量可以执行并行计算的计算机系统，如共享内存系统、分布式内存系统、集群系统等。其中，共享内存系统使用共享内存作为不同处理器之间通信的方式，它们共享同一组物理存储器，并且能够同时访问相同的变量和数据结构。这种系统具有较低的通信开销和较高的内存访问速度，但是需要解决并发控制问题。一些代表性的共享内存系统包括 SUN Enterprise 系统和 SGI Origin 系统。另外一种常见的系统是分布式内存系统，其每个处理器都有自己的物理存储器，通过网络进行通信。这种系统需要处理器之间的通信，但是具有良好的可扩展性和容错性。目前，MPI 和 OpenMP 是广泛使用的分布式内存编程模型。集群系统则是由多个计算节点组成的系统，每个节点都运行着一个操作系统和多个处理器，通过网络连接在一起。这种系统通常具有较高的可扩展性和容错性，并且易于维护。现在，针对集群的编程模型也有很多选择，如MPI、OpenMP、MapReduce等。20世纪80年代到21世纪初是并行计算发展的重要时期，出现了许多可执行并行计算的计算机系统和编程模型。这为今后更好地利用并行计算提供了坚实基础。

21世纪初期至今属于集群和网格计算时代，这也是高能计算技术发展史上相当重要的一个阶段，涌现出了很多具有代表性的技术和应用。集群计算和网格计算的出现解决了传统超级计算机成本昂贵、维护难度大等问题，同时也为科学研究、工程设计、商业分析等领域提供了更为广泛的计算资源。

集群计算作为一种基于通用计算机的分布式计算模式，在计算效率、可扩展性以及成本效益等方面都具有明显优势。通过将计算任务划分到不同的节点上进行并行计算，可以有效地提高计算速度和处理能力。此外，通过使用工作负载管理软件，还可以根据实际需求动态添加或移除节点，从而进一步提高资源利用效率。在实际应用中，集群计算已经被广泛应用于气象预报、天文学、生物医学研究、金融风险控制等领域。与集群计算不同，网格计算则将全球范围内的分散计算资源组合成一个虚拟的超级计算机，通过网络连接实现协同工作。这样做的好处是可以充分利用全球的计算资源，打破了传统超级计算机的地域限制。网格计算已经被应用于分布式天文学、高能物理学、生物医学研究等领域。

现如今，HPC技术（高性能计算技术的简称）在科学研究、工程设计、生命科学、金融等多个领域都有广泛的应用。其中，在科学研究领域，HPC技术被广泛应用于气候变化预测、宇宙学模拟、高能物理、地震模拟等方面。通过使用 HPC 技术，科学家们可以更加准确地进行大规模的数据处理和模拟计算，从而更好地解决一些重要的科学难题。不难预测，未来 HPC 技术的发展将会拥有更多的应用场景，并且随着计算资源的不断扩大和算法的不断优化，HPC 技术必将在科学、工程、医学、金融等领域发挥越来越重要的作用。

第四讲　新材料技术

新材料技术是指利用先进的科学技术和工程技术手段，研究和开发新型材料的技术。与传统材料技术相比，新材料技术的发展具有诸多优势，如提高材料的性能、降低成本、减少资源消耗等。现如今，新材料技术的应用已经囊括社会生产的诸多方面，包括航空航天、汽车、电子、建筑、医疗等领域。

一、金属新材料

伴随着人类文明的发展，金属材料技术也在不断进步，人们对金属材料技术的应用最早可以追溯到铜器时代，这也是世界上最早的金属材料应用实例之一。随着时间的不断推移，金属材料技术也取得了相应的改进和发展，并逐渐在人类社会生活的各个领域发挥出巨大的作用。

公元前 3000 年左右，人们开始使用铜制品，如刀、斧、碗等器具，这标志着铜器时代的开始，也是金属材料技术的起始阶段。公元前 2000 年左右，青铜制品得到了大范围的应用，它由铜和锡合金构成，具有良好的耐腐蚀性和强度，青铜器时代也是古代冶金发展的黄金时期。公元前 1200 年左右，人们开始使用铁制品。在铁器时代之后，金属材料技术得到了更多的改进和创新。从公元前 500 年左右开始，人们开始使用钢来制造刀剑等武器，这种钢制刀剑的硬度更高，刃口更锋利，因此迅速得到推广。此外，人们还掌握了成熟的铸造技术，可以用金属制造更大、更复杂的产品。在工业革命期间，随着机械化生产和交通运输的需求增加，对金属材料的性能要求也越来越高，这促进了金属材料技术的不断发展和创新。现代金属材料技术涉及许多领域，如材料设计、合金开发、表面处理、热处理、焊接、涂层和防腐蚀等。随着纳米科技的发展，人们正在探索新型金属材料，如纳米金属材料和复合金属材料，以满足不断变化的市场需求。

所谓金属新材料技术，指的是一种涵盖多个领域的综合性技术，旨在改善现有金属材料的性能和功能，或者开发出新的金属材料以满足不同的应用需求。相比于普通金属材料，这些新材料可以具有更高的强度、更好的耐腐蚀性、更低的密度、更高的导电性等特点，从而推动各行各业的进步。金属新材料技术的起源可以追溯到19世纪后期和20世纪初期，当时主要是围绕着钢铁工业展开研究。随着工业化的快速发展，对金属材料的要求也越来越高，如更高的强度、更轻的重量、更好的韧性等。20世纪中叶以来，随着材料科学技术的快速发展，金属新材料技术得到了迅速发展。现如今，人们对高新金属技术的研究已经相当深入，并且其应用领域也得到了相应的拓展。

金属新材料技术主要是通过对金属材料进行改进、创新和应用，以提高其性能、降低成本、节能环保。其中，金属复合材料、金属粉末冶金材料、表面工程技术、热加工技术和金属陶瓷材料是常见的主要分类。金属复合材料，是指利用复合技术将多种化学和力学性能不同的金属在界面上实现冶金结合而形成的复合材料，其极大地改善了单一金属材料的热膨胀性、强度、断裂韧性、冲击韧性、耐磨损性、电性能、磁性能等诸多性能，因而被广泛应用于石油、化工、船舶、冶金、矿山、机械制造、电力、水利、交通、环保、压力容器制造、食品、酿造、制药等工业领域。

金属粉末冶金材料的制备过程较之于传统的铸造更加灵活，能够实现复杂形状的零部件生产，同时还可以控制材料的成分和微观结构，从而获得优异的性能。此外，由于该技术可以在较低的温度和压力下完成加工，因此节约了能源和材料成本，同时减少了环境污染。目前，金属粉末冶金材料已经广泛应用于航空航天、汽车、机械等领域，如发动机、齿轮、轴承等，具有重要的经济和社会价值。

表面工程技术是指通过对材料表面进行改性或控制，以达到特定的功能要求。其主要应用于金属材料（如钢、铝、铜等），以及涂层材料和复合材料等。表面处理技术包括物理方法（如喷砂、抛光、打磨等）和化学方法（如电镀、化学氧化、阳极氧化等）。这些方法可以增强材料表面的耐腐蚀性、耐磨性、抗氧化性能、导电性、导热性和机械性能等。例如，在汽车工业中，防锈涂层可以保护车身免受腐蚀；在建筑工业中，镀锌处理可以提高金属构件的耐磨性；在电子领域中，防静电涂料可以保护电路板不被静电干扰。

热加工技术是一种广泛应用于金属材料加工的技术，其中包括锻造、挤压、轧制、拉伸等。在这些过程中，金属材料被加热至一定温度，以便对其进行变形加工。通过热加工，金属材料的晶体结构可以得到改善，从而提高其强度和韧性，并且可以使其更容易加工成为所需的形状和尺寸。热加工技术还可以优化金属材料的微观组织，消除缺陷并提高其耐蚀性和使用寿命。

金属陶瓷材料是一种由金属和陶瓷两种不同材料复合而成的新型材料。它们结合了金属的导电、导热等优点和陶瓷的高强度、高硬度、高温稳定性等特性，因此具有更好的耐高温、耐腐蚀性能和超导性能等。这种材料广泛应用于航空航天、电子、化工等领域，如火箭发动机、电子元器件、高温反应容器以及制备先进陶瓷和复合材料等方面。金属陶瓷材料也被广泛应用于医疗领域，如骨科植入物、心脏起搏器等。尽管制造难度较高，但在未来的科学技术和工程领域中，金属陶瓷材料将会继续发挥重要作用。

当然，除了上述几种主要分类外，还有许多其他类型的金属新材料技术，如超硬材料、记忆合金、稀土永磁材料、纳米材料等，这些材料在能源、环保、生物医学等领域都得到了广泛的应用和研究。在未来随着信息技术的不断发展，金属材料也将逐渐实现智能化，人们能够通过集成传感器、控制器等设备，对金属材料的性能进行实时监控和调整，从而提高金属材料在复杂环境中的应用能力。

二、无机非金属新材料

无机非金属新材料是指由不含金属元素的化合物或单质构成的材料，主要由非金属元素与其他元素组合而成，是除有机高分子材料和金属材料以外的所有材料的统称。在晶体结构上，无机非金属的晶体结构远比金属复杂，并且没有自由的电子。另外，它还具有比金属键和纯共价键更强的离子键和混合键。这种化学键所特有的高键能、高键强赋予这一大类材料以高熔点、高硬度、耐腐蚀、耐磨损、高强度和良好的抗氧化性等基本属性，以及宽广的导电性、隔热性、透光性及良好的铁电性、铁磁性和压电性，因此无机非金属材料被广泛应用于各种工业和科技领域。

无机非金属材料还可以分为传统无机非金属材料和新型无机非金属材料两种。传统无机非金属材料又可以分为几个主要类别，包括水泥和其他胶凝材料、陶瓷、耐火材料、搪瓷、铸石和研磨材料。这些材料在建筑、制陶、冶金、化工等领域都有广泛的应用。

水泥是一种由石灰石、粘土和其他材料混合而成的胶凝材料，具有良好的黏结性和抗压强度，主要分为硅酸盐水泥、铝酸盐水泥、石灰和石膏等类型。硅酸盐水泥是最常见的一种水泥，其主要成分为硅酸盐矿物，如三钙硅酸盐和双钙硅酸盐等，通常用于建筑修缮和道路施工中。铝酸盐水泥主要由铝酸盐矿物和石膏组成，通常用于高温环境下的建筑和道路施工中。石灰通常用于建筑和修缮中。石膏则用于生产石膏板和其他建筑材料。

陶瓷是一种由粘土、长石、滑石、骨灰等天然矿物质混合而成的非金属材料，根据其原材料和制作方法不同，又可分为粘土质、长石质、滑石质和骨灰质陶瓷等类型。陶瓷具有高硬度、耐磨损、化学稳定性和难燃等特点，在制陶、建筑、电子、医疗和航空等领域都有广泛的应用。

耐火材料是指在高温环境下依然保持结构完整和性能稳定的非金属材料。主要分为硅质、硅酸铝质、高铝质、镁质、铬镁质等类型，通常用于冶金、玻璃、化工、建筑等领域。硅质耐火材料由硅石和石英砂等矿物质混合而成，通常用于高温窑炉的内衬。硅酸铝质和高铝质耐火材料由氧化铝和硅酸盐矿物质混合而成，具有良好的耐腐蚀性和抗冷热振动性。镁质耐火材料由镁石和电熔镁等材料制成，具有耐火、耐高温性能。

搪瓷是一种常用于建筑、家居、厨具等领域的表面涂层材料。它通常由玻璃粉、氧化物和稀土元素等原材料制成，在高温下经过烧结而成。搪瓷的主要特点是防腐蚀、耐磨损、易清洁、不易污染等。钢片、铸铁、铝和铜胎等是搪瓷的常见基材。钢片通常被广泛应用于厨具、电器等领域；铸铁则常用于火炉、锅炉等产业；铝和铜胎则主要用于家居类产品。这些基材都具有较好的机械强度和热稳定性，能够承受搪瓷烧结过程中的高温和压力。

铸石是一种经加工而成的硅酸盐结晶材料，采用天然岩石（玄武岩、辉绿岩等基性岩以及页岩）或工业废渣（高炉矿渣、钢渣、铜渣、铬渣、铁合金渣等）为主要原料，经配料、熔融、浇注、热处理等工序制成的晶体排列规整、质地坚硬、细腻的非金属工业材料。铸石硬度高、韧性好、质地坚实，具有类似天然石材的美观外观，因此在建筑、装饰等领域广泛应用。铸石材质均匀，不易开裂，且在不同环境下有较好的耐久性和抗老化性能。

新型无机非金属材料是一类在化学成分和结构上与传统的非金属材料不同的材料，常用于各种领域的应用，包括建筑、电子、能源等。以下是部分新型无机非金属材料的实际应用。

保温材料：用于保温的新型无机非金属材料，最典型的当属气凝胶毡。气凝胶毡是以纳米二氧化硅或金属类气凝胶为主体材料，通过特殊工艺同碳纤维或陶瓷玻璃纤维棉或预氧化纤维毡复合而成的柔性保温毡。其特点是导热系数低，有一定的抗拉及抗压强度，属于新型的管道保温材料。

绝缘材料：绝缘材料常用于电气设备中，如变压器、电线等。氧化铝、氧化铍、滑石、镁橄榄石质陶瓷、石英玻璃和微晶玻璃等都是常见的绝缘材料，它们具有良好的耐高温、耐腐蚀性能和绝缘性能。

磁性材料：磁性材料常用于电子设备、存储介质等领域。锰—锌、镍—锌、锰—镁、锂—锰等铁氧体、磁记录和磁泡材料等都是常见的磁性材料。此外，导体陶瓷、钠、锂、氧离子的快离子导体和碳化硅等也具有重要的磁性应用。

光学材料：光学材料常用于激光器、光纤通信等领域。钇铝石榴石材料是一种常用的激光材料，能够产生高功率的激光脉冲。此外，氧化铝、氧化钇透明材料和石英系或多组分玻璃的光导纤维等也具有广泛的光学应用。

其他应用：新型无机非金属材料还可以应用于能源、环保等领域。例如，钛酸钡系、锆钛酸铅系材料具有良好的压电性能，可用于声波传感器等设备中；半导体陶瓷、钛酸钡、氧化锌、氧化锡、氧化钒、氧化锆等过滤金属元素氧化物系材料可用于催化剂载体、气体传感器等应用中。

目前，无机非金属材料的研究重点主要聚焦于功能化材料，如光学、磁学、电学、声学等功能化材料；纳米材料，如纳米陶瓷、纳米玻璃、纳米复合材料等；生物医用材料，如人工关节、人工骨骼、生物陶瓷等；新型能源材料，如光电子材料、储能材料等方面。随着科技的不断进步，无机非金属新材料的应用范围将会更加广泛，并且将会更加注重功能性、可持续性和高效性，以满足不同领域的需求。

三、高分子新材料

高分子新材料是指由大分子化合物构成的材料，其在人类生产和生活中发挥着重要作用。高分子材料按来源分为天然高分子材料和合成高分子材料。天然高分子是指源自动物、植物及其他自然物内部的高分子物质，包括天然纤维、天然树脂、天然橡胶、动物胶等。合成高分子材料指的是塑料、合成橡胶和合成纤维三大合成材料，除此之外还包括胶黏剂、涂料以及各种功能性高分子材料。相比之下，合成高分子材料具有天然高分子材料所没有的或较为优越的性能，如低密度、高力学、强耐磨性、强耐腐蚀性以及强电绝缘性等。

高分子材料按特性分为橡胶、纤维、塑料、高分子胶粘剂、高分子涂料和高分子基复合材料等。另外，根据其应用功能可以分为通用高分子材料、特种高分子材料和功能高分子材料三大类。通用高分子材料是指能够大规模工业化生产，已广泛应用于建筑、交通运输、农业、电气电子工业等国民经济主要领域和人们日常生活的高分子材料。其中包括塑料、橡胶、纤维、粘合剂、涂料等不同类型。塑料是一种常见的通用高分子材料，具有轻质、耐用、易加工等优点，广泛应用于包装、建筑、电子等领域。 橡胶是一种弹性材料，具有良好的密封性和耐磨性，广泛应用于轮胎、密封件、管道等领域。 纤维是一种轻质、强度高的材料，广泛应用于纺织、建筑、医疗等领域。 粘合剂是一种能够将不同材料黏合在一起的材料，广泛应用于家具、汽车、航空等领域。 涂料是一种能够保护和美化物体表面的材料，广泛应用于建筑、汽车、家具等领域。特种高分子材料是一类具有优良机械强度和耐热性能的高分子材料，如聚碳酸酯、聚酰亚胺等材料，已广泛应用于工程材料上。 聚碳酸酯是一种高强度、高刚度、耐热性好的材料，广泛应用于汽车、电子、航空等领域。 聚酰亚胺是一种高温、高强度、耐腐蚀的材料，广泛应用于航空、航天、电子等领域。 功能高分子材料是指具有特定的功能作用，可做功能材料使用的高分子化合物，包括功能性分离膜、导电材料、医用高分子材料、液晶高分子材料等。 功能性分离膜是一种能够分离不同物质的材料，广泛应用于水处理、气体分离、生物医药等领域。 导电材料是一种能够传导电流的材料，广泛应用于电子、光电、能源等领域。 医用高分子材料是一种能够用于医疗领域的材料，如人工关节、人工血管、缝合线等。 液晶高分子材料是一种能够制备液晶显示器的材料，广泛应用于电子、通讯等领域。

现如今，高分子新材料的实际应用领域已经相当广阔，在电子领域，高分子材料可以用于制造柔性电子产品，如可弯曲的显示屏、可穿戴设备等。 这些产品具有轻便、柔软、易弯曲等特点，可以更好地适应人体的曲线，提高了产品的舒适性和便携性。 此外，高分子材料还可以用于制造电池、电容器、电线等电子元件，以及光学材料、光纤等光电子元件。 这些元件具有高效、高精度、高稳定性等特点，可以更好地满足人们对电子产品的需求。 在医疗领域，高分子材料可以用于制造人工器官、医用材料、药物缓释系统等。 这些产品具有生物相容性、生物可降解性等特点，可以更好地适应人体的生理环境，减少对人体的损伤。此外，高分子材料还可以用于制造医用敷料、手术缝合线等医疗器械。这些器械具有高效、高精度、高稳定性等特点，可以更好地满足医疗领域对器械的需求。在建筑领域，高分子材料可以用于制造隔热材料、防水材料、防火材料等。这些材料具有耐高温、耐腐蚀等特点，可以更好地适应建筑环境的要求，提高建筑的安全性和舒适性。此外，高分子材料还可以用于制造建筑材料、地板材料、墙纸等室内装饰材料。这些材料具有美观、环保、易清洁等特点，可以更好地满足人们对建筑环境的需求。在汽车领域，高分子材料可以用于制造轻量化材料、减震材料、隔音材料等。这些材料具有轻便、强度高、耐磨损等特点，可以更好地提高汽车的性能和安全性。此外，高分子材料还可以用于制造汽车内饰、外观件等。这些产品具有美观、环保、易清洁等特点，可以更好地满足人们对汽车的需求。在航空航天领域，高分子材料可以用于制造轻量化材料、高温材料、耐腐蚀材料等。这些材料具有高强度、高刚度、高耐久性等特点，可以更好地适应航空航天环境的要求，提高航空航天器的性能和安全性。此外，高分子材料还可以用于制造航空航天器件、器材等。这些产品具有高效、高精度、高稳定性等特点，可以更好地满足航空航天领域对器械的需求。

当然，除此以外高分子新材料也同样在纺织业、包装业等领域大放异彩，在未来随着人们对材料科学环保性、安全性等方面要求的不断提高，高分子新材料的应用前景将会一片大好。

四、生物医用新材料

生物医用新材料是指应用于医学领域的新型材料，具有生物相容性、生物活性、生物可降解等特点。这些材料可以用于制造医疗器械、医用敷料、组织工程、药物传递等方面，对于改善人类健康和生命质量具有重要意义。用于生物医用的材料可以是纯天然的，也可以是人工合成的，或者是两者的复合物。其作用机理不同于药物，不必通过药理学、免疫学或代谢手段实现，因此生物医用新材料的功能和特性是一般药物所不能替代的。生物医用新材料的应用范围非常广泛，可以用于人体各个部位的修复和替换，如骨骼、关节、牙齿、皮肤、血管等。此外，生物医用新材料还可以用于制造医疗器械，如人工心脏瓣膜、人工耳蜗、人工血管等。这些医疗器械可以帮助患者恢复健康，改善身体机能的健康状况。

生物医用新材料的种类非常多，按材料的组成和结构可以分为金属、陶瓷、聚合物、生物材料等。其中，聚合物材料是最常用的一种，因为它们具有良好的生物相容性、可塑性和可加工性。医用级壳聚糖就是一种常用的聚合物材料，它可以用于制造人工骨骼、人工血管、人工皮肤等医疗器械。总而言之，生物医用新材料的研究和开发是一个非常重要的领域，它涉及材料科学、生物学、医学等多个学科。目前，国际上已经建立了一系列生物医用新材料的标准和规范，以确保这些材料的安全性和有效性。同时，各国也在积极推动生物医用新材料的研究和应用，以满足人们对健康的需求。

生物医用的研究和开发涉及多个学科，包括材料科学、生物学、医学等。在材料科学方面，主要致力于研究新材料的制备方法、结构和性质等，以便开发出更加优良的生物医用材料。在生物学方面，研究的方向是新材料与生物体的相互作用机制、生物降解机制等，以便了解新材料在生物体内的行为和影响。在医学方面，人们需要研究新材料在医疗器械、假体、组织工程、药物传递等领域的应用，以便开发出更加安全、有效的生物医用材料。生物医用新材料的研究和开发对于人类健康和医疗事业的发展具有重要意义，可以帮助人们更好地治疗疾病、修复组织和器官，提高医疗效果和生活质量。例如，生物降解材料可以在人体内逐渐降解，避免二次手术，减轻患者的痛苦和负担。另外，新材料的应用还可以促进医疗器械的发展，提高医疗设备的精度和效率，为医生提供更好的治疗工具。

实际上，从远古时期人类的日常活动当中就能够初见生物医用材料的缩影，当时人们使用天然材料如木材、骨头、皮革等来治疗伤病。这些材料虽然具有一定的生物相容性，但是由于其结构和性质的限制，往往不能满足人们对医疗器械和假体的需求。随着科技的进步，人们开始使用金属、塑料等人造材料来制造医疗器械和假体，这些材料具有更好的机械性能和耐久性，但是由于其生物相容性仍然比较差，容易引起排斥反应和感染等问题，因而限制了它们的应用范围。到了 20 世纪初，人们开始使用生物材料如动物组织和人造材料来制造假体和医疗器械。但是，这些材料也存在排斥反应和感染等问题，所以并未得到大范围应用。为了从根本上解决这些问题，人们着手研究和开发更加适合人体的生物医用新材料。这些新材料具有良好的生物相容性、生物降解性和生物活性，可以更好地与人体组织相容并促进组织再生。目前，生物医用新材料已经广泛应用于医疗器械、假体、组织工程、药物传递等领域。这些新材料具有良好的生物相容性、生物降解性和生物活性，可以更好地与人体组织相容并促进组织再生，从而提高医疗器械和假体的效果与安全性。

目前，生物医用新材料以及相关技术的临床应用已经取得了极大的成功，但是现存的问题也不容忽视，其具体表现有功能性不够完善、免疫相容性存在欠缺、服役寿命不长等，无法满足实际临床应用的多方面需求。例如，人工心脏瓣膜植入 12 年后死亡率高达 58%，在老年群体当中人工关节的有效寿命仅仅为 12 到 15 年，在青年群体当中这个数据甚至低至 5 年左右，这主要是由于植入体或植入材料通常是以异物的形式存在于人体当中，机体会产生一定的排斥反应。随着医疗技术的不断发展与完善，现代医学的发展方向已经从基本的对组织和器官进行修复，转变为促进组织和器官的再生甚至重建，以达到恢复以及增进人体生物机能的效果，这是传统生物医学材料所无法实现的。

通过赋予医用材料以生物结构特性以及生物结构功能，减轻人体免疫排斥反应的不良影响，从而实现对机体自我修复功能的调动，对受损的人体组织进行修复或者重建，最终实现受损组织、器官的永久康复。虽然基于生物医用材料的前沿研究正处于日新月异的快速发展阶段，但是由于现阶段相关技术尚不成熟，临床经验也不足，在未来二三十年间，传统的医学材料仍然还会是生物医学领域的重要基础应用材料，不过其生物性能会得到不断的改进和提高，并为生物医用新材料的研发和创新奠定基础。

五、精细和专用化学品新材料

精细化学品新材料和专用化学品新材料，是指在化学领域中通过精细化学合成技术和专用化学加工技术，制备出具有特定功能和性能的新型材料。其中，精细化学品新材料，是指通过精细化学合成技术，制备出具有特定功能和性能的新型材料。这些材料具有高纯度、高稳定性、高可控性等特点，广泛应用于电子、医药、能源、环保等领域。例如，高纯度的硅材料被广泛应用于半导体制造、太阳能电池等领域；高稳定性的催化剂被广泛应用于化学反应中；高可控性的聚合物材料被广泛应用于药物控释、生物传感器等领域。

而专用化学品新材料，则是指通过专用化学加工技术制备出具有特定功能和性能的新型材料。这些材料具有高耐热、高耐腐蚀、高耐磨等特点，广泛应用于航空航天、汽车、机械等领域。例如，高温陶瓷材料被广泛应用于航空发动机、燃气轮机等高温环境中；高耐腐蚀的合金材料被广泛应用于化工设备、海洋工程等领域；高耐磨的涂料材料被广泛应用于汽车、机械等领域。

精细化学品新材料和专用化学品新材料是现代化学工业中不可或缺的重要组成部分，它们的应用范围广泛，对推动经济社会发展具有重要作用。

精细化学品新材料的发展历程可以追溯到20世纪初，经历了有机合成材料、高分子材料、电子材料、分离材料、纳米材料等多个阶段。20世纪初，化学合成技术的发展推动了精细化学品新材料的出现。这些新材料主要是有机合成材料，如染料和药物等。随着高分子化学的发展，20世纪30年代合成树脂、塑料等高分子材料成为精细化学品新材料的重要组成部分。这些材料具有优异的物理和化学性质，广泛应用于各个领域，如建筑、汽车、电子、医疗等。20世纪50年代，随着电子工业的发展，半导体材料、光电材料等也成为精细化学品新材料的重要领域。半导体材料是电子工业中的重要材料，广泛应用于计算机、通信、光电子等领域。光电材料则是光电子技术的重要组成部分，广泛应用于显示器、太阳能电池等领域。20世纪60年代，随着化学分离技术的发展，精细化学品新材料的种类和应用范围不断扩大。其中离子交换树脂和吸附树脂等成为重要的分离材料，广泛应用于化工、制药、食品等行业。而随着纳米技术的发展，在20世纪70年代纳米材料成为精细化学品新材料的重要组成部分。纳米材料具有特殊的物理、化学性质，如表面积大、光学性质优异等，广泛应用于电子、光电、生物医学等领域。例如，纳米材料可以用于制备高效的太阳能电池、高灵敏度的传感器、高效的药物传递系统等。21世纪以来，随着新材料技术的不断发展，精细化学品新材料的应用范围不断扩大，这是因为新材料技术的不断进步和创新，使得新型能源材料、环保材料、生物医学材料等成为新的研究热点。新材料技术的发展也推动了精细化学品新材料的研究，使得其在环保、可持续发展等方面得到了更多的关注和重视。在新材料技术的研究中，环保、可持续发展等方面的考虑也越来越重要。新材料技术的绿色化、可持续化发展已经成为新材料技术研究的重要方向。这种发展趋势，不仅可以推动新材料技术的发展，还可以促进环境保护和可持续发展的实现。

专用化学品新材料的发展历史可以追溯到20世纪初，当时人们开始研究和开发新的化学品材料，以满足不同的需求。在20世纪初期，化学品材料的研究和开发成为人们关注的焦点。随着工业化的发展，人们需要更多的材料来满足不同的需求。传统的天然材料，如木材和皮革，虽然具有一定的优点，但是它们的耐用性和耐热性都不够强，不能满足人们对于高性能产品的需求。因此，人们开始研究和开发新的化学品材料，以替代传统的天然材料。其中，塑料材料是最早被研究和开发的新材料之一。塑料材料具有很好的耐用性和耐热性，可以用于制造更耐用的产品。

随着塑料材料的不断发展，人们开始研究和开发更多的高分子材料，以满足不同的需求。高分子材料是一种由大分子化合物组成的材料。它们具有很好的强度和韧性，可以用于制造更轻便和韧性更强的材料，如碳纤维和玻璃纤维。这些材料可以用于制造飞机、汽车和其他高性能产品。除了塑料材料和高分子材料，人们还研究和开发了很多其他的专用化学品材料，以满足不同的需求。如新的电子材料、光学材料等，分别可以用于制造各种电子产品和光学器件。

在20世纪后期，随着科技的不断进步和人们对新材料需求的不断增加，专用化学品新材料的研究和开发变得越来越重要。这些新材料具有许多优点，如高强度、高耐热性、高耐腐蚀性、高导电性、高绝缘性等，可以满足不同领域的需求。如在汽车领域，专用化学品新材料被广泛应用于汽车制造中；在航空航天领域，专用化学品新材料可以用于制造飞机、卫星、火箭等，以提高航空器的性能和可靠性；在电子领域，专用化学品新材料可以用于制造计算机芯片、智能手机、平板电视等高科技产品，以提高电子产品的性能和功能；在医疗领域，专用化学品新材料可以用于制造人工关节、心脏起搏器、人工器官等，以提高医疗设备的效果和安全性；在建筑领域，专用化学品新材料可以用于制造高强度混凝土、防水材料、隔热材料等，以提高建筑物的耐久性和安全性；在能源领域，专用化学品新材料可以用于制造太阳能电池板、燃料电池、储能设备等，以提高能源的利用效率和环保性。

六、与文化艺术产业相关的新材料

近年来，科技赋能文化、科技创新艺术逐渐成为新型文化产业发展的主流趋势。在文化艺术产业当中，材料技术的创新受到各方广泛关注，为文化艺术产业带来更多的可能性和活力。

在与文化艺术产品相关的新材料中，3D打印技术是一种快速制造技术，可以将数字模型转化为实体模型，通过这项技术能够制作出具有独特形态的艺术品以及具有特殊效果的展览模型，另外还可以制作出具有特殊形态的舞台布景。其中最引人注目的是智能材料技术，它是一种可以根据外部环境变化自动调整自身性能的材料技术，艺术家可以使用智能材料制作出具有自动变形效果的艺术品，展览设计师可以使用智能材料制作出具有自动调整形态的展览模型，舞台设计师可以使用智能材料制作出具有自动变形效果的舞台布景。另外还有光学材料技术，它是一种可以控制光的传播和反射的材料技术，其可以应用于艺术品的制作、展览设计、舞台布景等方面。

与此同时，文化载体和介质新材料制备技术也是一项非常重要的技术，它可以为文化艺术的发展提供更加环保、可持续的材料。其中，更可再生环保纸是一种非常重要的新型纸张，它不含木料纸，采用的是新型非涂布纸和轻涂纸、轻质瓦楞纸板等材料制成，具有环保、可再生的特点。此外，特种纸、电子纸等新型纸张也是文化载体和介质新材料制备技术的重要组成部分。除了纸张，光盘及原辅材料的制备技术也是非常重要的，它可以为数字文化艺术的发展提供更加高效、可靠的介质。同时，仿古纸的制备技术和仿古墨的生产技术也是文化载体和介质新材料制备技术的重要方向，它们可以为文化艺术的保护和传承提供更加可靠、真实的材料。

另外，新材料技术在文物保护中同样具有显著效果。其中，文物提取、清洗、固色、粘结、软化、缓蚀、封护等材料的制备技术是文物保护的基础。这些技术可以帮助文物保持原有的色彩和形态，同时也可以防止文物受到进一步的损伤。此外，文物存放环境的保护技术也是非常重要的。通过控制温度、湿度、光照等因素，可以保护文物不受环境的影响。另外，用于古籍书画复制的制版和印刷材料开发技术也是文物保护的重要组成部分。这些技术可以帮助人们更好地了解历史文化，同时也可以保护原件不受到损伤。近年来，3D 打印文物复制、修复技术及新材料制造技术也得到了广泛的应用。这些技术可以帮助人们更好地保护文物，同时也可以让更多的人了解和欣赏文物的魅力。

第五讲　能源技术

能源技术是人类社会发展的重要支撑，指的是用于生产、转换、存储和利用能源的技术。目前主要的能源技术包括化石能源技术、核能技术、可再生能源技术等。近年来，国际能源市场动荡不安，又加之人们的环保意识不断增强，能源问题逐渐成为社会热点问题，能源技术的重要性更加突出地摆在人们的面前。

一、化石能源的清洁高效利用

在我国“双碳”的长远目标之下，能源市场正处于新能源逐渐取缔传统能源的过程当中，然而面对现阶段新能源技术尚不成熟的状况，必须充分发挥传统化石能源的“保底作用”，为新能源时代的全面到来铺就道路。

传统化石能源指的是煤炭、石油和天然气等化石燃料，它们是地球上数百万年前植物和动物遗骸经过高温高压作用形成的。这些化石能源在人类社会的运转和发展过程中扮演着重要的角色，但同时也带来了不容忽视的环境和健康问题。在我国“双碳”政策的引导之下，未来煤炭等化石能源在我国能源结构中的比重将会有所下降，但是其作为我国能源结构的重要部分在未来较长时间内是难以改变的，因此大力开展化石能源的高效清洁利用是势在必行之举。

基于以上论述，针对化石能源的利用，主要从清洁和高效两个方面着手进行改进。目前，清洁利用化石能源的技术已经相当丰富和成熟，包括清洁燃烧技术、燃料电池技术以及煤气化技术等。燃烧技术是目前最常用的化石能源利用方式，但是燃烧过程中会产生大量的有害气体，对环境和健康造成严重影响。因此，需要对燃烧技术进行改进，以减少有害气体的排放。目前常用的先进燃烧技术有两种：一种是采用先进的燃烧技术，如超临界燃烧、气化燃烧等。超临界燃烧是一种高效的燃烧技术，可以将燃料完全燃烧，减少有害气体的排放。而气化燃烧是一种将燃料气化后再燃烧的技术，可以提高燃烧效率，减少有害气体的排放。另一种改进燃烧技术的方法是采用烟气脱硝、脱硫等技术来减少氮氧化物和硫氧化物的排放。烟气脱硝是一种将烟气中的氮氧化物转化为氮气的技术，可以减少氮氧化物的排放。而脱硫是一种将烟气中的硫氧化物转化为硫酸盐的技术，可以减少硫氧化物的排放。除了以上的技术，还可以采用其他的方法来改进燃烧技术，如采用低排放燃料、优化燃烧过程等。

燃料电池技术是一种非常有前途的能源转化技术，它可以将化石能源转化为电能，从而实现能源的高效利用和环境的保护。然而，目前燃料电池技术还存在一些问题，如成本高、寿命短等，需要进一步研究和改进。为了解决这些问题，可以从多个方面入手。首先，可以研究新型的催化剂和电解质材料，来提高燃料电池的效率和寿命。其次，可以采用智能控制技术，来优化燃料电池的运行和维护。例如，可以利用传感器和控制算法，实现对燃料电池的实时监测和控制，从而提高燃料电池的效率和稳定性。

煤气化技术是一种将煤炭转化为合成气的过程，可以高效地利用煤炭资源，并且可以减少有害气体的排放。煤气化技术可以用于发电、制造化学产品等领域，具有广泛的应用前景。但是，煤气化技术还存在一些问题，如煤气化过程中会产生大量的一氧化碳和二氧化碳等有害气体，需要采用先进的气体净化技术来减少排放。同时，还需要研究新型的煤气化反应器和催化剂，来提高煤气化的效率和降低成本。为了解决煤气化过程中产生的有害气体问题，可以采用多种气体净化技术，如吸附、膜分离、化学吸收等。这些技术可以有效地去除一氧化碳、二氧化碳等有害气体，从而减少对环境的污染。此外，还可以采用先进的煤气化反应器和催化剂，来提高煤气化的效率和降低成本。

高效利用化石能源的技术主要包括能源储存技术、能源转换技术以及能源管理技术等。能源储存技术是指将能源储存起来，以便在需要时使用。能源转换技术是将化石能源转化为其他形式的能源，如电能、热能等。目前，能源转换技术主要包括燃料电池、热电联产等。燃料电池是一种将化学能转化为电能的技术。热电联产是一种使热能和电能同时产生的技术。能源管理技术是指通过对能源的监测、控制和优化，实现能源的高效利用。目前，能源管理技术主要包括能源监测系统、能源控制系统、能源优化系统等。能源监测系统可以对能源的使用情况进行监测和分析，从而找出能源的浪费和不足之处。能源控制系统可以对能源的使用进行控制，从而实现能源的节约和优化。能源优化系统可以对能源的使用进行优化，从而提高能源利用效率和降低能源成本。

化石能源的清洁高效利用是一个复杂的问题，需要从多个方面进行研究和改进。目前，燃烧技术、燃料电池技术、煤气化技术等清洁利用化石能源的技术正在不断发展和完善。同时，能源储存技术、能源转换技术、能源管理技术等高效利用化石能源的技术也在不断涌现。未来，我们需要继续加强研究和创新，推动化石能源的清洁高效利用。

二、可再生能源的规模化开发

可再生能源指的是在自然界能够循环再生且不会因为使用而消耗殆

尽的能源，包括太阳能、潮汐能、地热能、风能、水能、海洋能等。 相比于传统的化石能源，可再生能源取之不尽、用之不竭，具有环保、可持续等显著优点，因此在未来能源领域的发展当中具有不可忽视的重要地位。 伴随着全球经济的不断发展，与日俱增的能源需求逐渐成为一个亟待解决的问题，因此针对可再生能源开发和应用的研究将是未来社会能源利用发展的必然方向。

在工业革命的推动下，蒸汽机和内燃机成为生产和运输的主要动力来源，这也使得煤炭和石油逐渐成为极具战略意义的能源，其中石油更是受到了各个国家争夺。 在 20 世纪 70 年代初，石油危机的爆发引起了人们对能源供应安全的忧虑。 为了摆脱对石油进口的依赖，一些发达国家开始投入大量的人力、物力和财力，制定并实施了“阳光计划”，以开发利用太阳能和其他可再生能源来取代石油。 这场基于可再生能源的科技创新热潮推动了太阳能和其他可再生能源技术的快速发展。 其中太阳能技术的发展包括太阳能电池板、太阳能热水器、太阳能发电等，其他可再生能源技术的发展包括风能、水能、生物质能等。 这些技术的发展不仅有助于减少对石油等化石能源的依赖，还有助于减少对环境的污染。 并且，太阳能和其他可再生能源的使用可以减少温室气体的排放，降低全球气候变化的风险。 随着技术的不断发展，太阳能和其他可再生能源的成本也在逐渐降低，使得它们的使用变得更加普及和经济实惠。这些技术的发展和应用将继续推动全球能源转型，实现可持续发展的目标。

可再生能源按照种类来分主要有五类，分别是风能、太阳能、地热能以及水电和生物质能，其中水电在可再生能源总量中占有的份额最大，其次则是风能和太阳能，截至 2021 年，上述五类可再生能源的发电量在全球发电量中的占比已经达到 28%。 以下对这五类可再生能源进行系统介绍。

风能：利用风力涡轮机可以将风能转化为电能。 风力涡轮机通常安装在陆地高处和海上，以便捕捉到更强的风力。 涡轮机的核心部件是旋转的叶片，当风穿过叶片时，叶片一侧的空气压力会下降，用升力将叶片往下拉。 两边的气压差导致叶片旋转，带动转子旋转。 转子与涡轮发电机相连，涡轮发电机通过旋转将风力的动能转化为电能。 风能是一种清洁、环保的能源，充分利用风能，可以减少对化石燃料的依赖，降低碳排放，对于可持续发展具有重要意义。

太阳能：太阳能技术是一种利用太阳的光或电磁辐射来转化为电能的技术。 其中，光伏太阳能电池是一种常见的太阳能技术，它由一个半导体晶圆组成，正极和负极分别位于两端，形成一个电场。 当阳光照射到电池上时，半导体吸收光能并将其转化为电子的形式，这些电子被电场捕获并形成电流。 太阳能发电的能力取决于半导体材料的种类和质量，以及环境条件，如热量、灰尘、阴影等。 太阳能技术具有环保、可再生、无噪音等优点，是未来能源发展的重要方向之一。

地热能：地热能直接来源于地球内部的热量。 地球内部的热量主要来自地核的高温高压状态，这种热量通过地壳传导到地表，形成了地热资源。 地热资源主要存在于地下蓄水池中，这些水源被称为地热水。地热发电厂通常从地下抽取热水，并将其转化为蒸汽，通过涡轮发电机发电。 在发电过程中，热水和蒸汽会被冷却，然后重新注入地下蓄水池中，使其成为可再生能源。 地热发电具有稳定、可靠、环保等优点，是一种非常重要的清洁能源。

水电：水电厂通过利用水流动能量转化为电能。 它通常建在水体附近，利用水坝等导流结构来改变水流，从而产生动能。 水流的体积和高度或水头的变化决定了发电量的大小。 更大的水量和更高的水头可以产生更多的能源和电力。 水电厂是一种清洁能源，不会产生二氧化碳等有害气体，对环境污染较小。 同时，水电厂还可以调节水流，防止洪水和干旱等自然灾害。因此，水电厂在能源领域具有重要地位。

生物质能：生物质能通过焚烧有机材料如木材、干叶和农业废物来产生能量。这种能源被广泛应用于取暖和发电等领域。在锅炉中燃烧生物质可以产生高压蒸汽，带动涡轮发电机旋转发电。此外，生物质能还可以转化为液体或气体燃料用于运输。虽然生物质能是一种可再生能源，但是它的排放因燃烧的材料而异，往往高于其他清洁能源。

由此可见，可再生能源无论是在应用范围还是在发展前景上都具有明显的优势，是解决能源危机以及环境问题的关键所在。基于此，必须从多个方面同时开展有效的工作。在技术方面，可再生能源的规模化开发需要先进的技术支持，如太阳能发电需要高效的光伏电池和逆变器技术，风能发电需要高效的风力发电机和电网接入技术，水能发电需要高效的水轮发电机和水电站建设技术，地热能发电需要高效的地热发电机和地热资源勘探技术等。这些技术的不断创新和提高，将有助于提高可再生能源的利用效率。政策方面，政府需要出台相关的政策和法规，鼓励和支持可再生能源的规模化开发。这些政策的出台将有助于推动可再生能源的规模化开发和应用。经济方面，可再生能源的规模化开发需要考虑资金投入和可持续性。虽然可再生能源的成本逐渐降低，但仍然需要大量的资金支持。因此，需要制定合理的投资和融资机制，吸引社会资本参与可再生能源的规模化开发。同时，还需要考虑可再生能源的可持续性，避免过度开发和利用导致环境破坏和资源枯竭。

尽管目前大多数国家还处于能源转型的早期，化石燃料仍然在全球能源结构中占据主导地位，但未来可再生能源必然会成为全球能源发展的主流，届时全球能源经济也将随之发生深刻变化。

三、先进核电系统的安全利用

核能是一种重要的高效清洁能源，它具有低碳、安全和高效等显著特点，能够在应对全球气候变化中发挥积极正面作用。然而，福岛核事故的发生也给人们留下了深刻的记忆和警示，这使得国际社会对核能安全性提出了更高的要求。核电企业必须严格执行相关标准和规定，不断加强核安全建设，确保核能的安全可靠。除了安全方面的问题，核能的大力发展还受制于经济成本和环保等方面的因素。因为尽管核能具有独特优势，但由于核电站的建设和运营成本较高，并且核废料处置等问题仍然存在，使得其在开放的电力市场环境中面临着诸多挑战。因此，世界核能界正在探索和开发新一代先进核能技术，以期解决核能发展的相关问题。新一代先进核能技术包括第四代核能技术和核聚变技术两大类。第四代核能技术包括锆合金燃料循环技术、液态钠冷却堆技术、高温气冷堆技术等，这些技术具有更高的安全性、更高的燃料利用率和更小的核废料产生量等优点。而核聚变技术则是一种完全不同于目前的核能技术，它具有几乎无限的能源储备，同时核聚变反应也没有放射性废物产生，因此被认为是未来最具发展潜力的清洁能源之一。目前，在新一代先进核能技术的研究和开发方面，各国都在进行积极探索。

从反应原理上看，核能发电利用核裂变或核聚变反应释放出的能量来产生热能，最终转化为电能。其中，核裂变反应是目前商业化程度较高的核能发电技术。核裂变反应是指将重核（如铀、钚等）撞击中子后，使得原子核不稳定，进而分裂成两个轻核，并且同时释放出大量的能量和若干个中子。这些中子可以进一步作用于周围的原子核，引发更多的裂变反应，形成一个自持的链式反应。在核反应堆中，核燃料通常使用浓缩的铀-235 或钚-239 等重核材料。这些燃料芯片被置于反应堆中心的压力容器内，通过控制棒调节反应堆中的中子密度，保持链式反应处于稳定状态。核反应堆中的核燃料经过裂变后会产生大量的热能，这些热能转化为高温高压的蒸汽，该蒸汽推动涡轮机转动，从而驱动发电机发电。在这个过程中，核反应堆的产热和发电系统是相互分离的，以确保安全性。值得注意的是，核能发电虽然可以大量减少二氧化碳排放，但同时也存在一定的风险和安全隐患。因此，在核能发电方面需要进行高标准安全措施的建设和管理，以确保人们的生命财产安全。

目前，全球约有440个核反应堆供应超过10%的电力。根据2019年国际能源署(IEA)电力数据，这些核反应堆提供了约2600TW·h电力，平均高容量系数超过75%。首先，作为全球第二大低碳电力能源，核能在减少温室气体排放和应对气候变化方面扮演着重要的角色。同时核能也是一种高能量密度的国家战略能源，可以提供大量的稳定电力，并且不依赖于天气或季节变化。其次，与化石燃料发电相比，核能是一种清洁、低碳、安全、高效的基荷能源。然而，2011年福岛核事故的发生引起了全世界的警惕，这一事件也进一步引发了对核能安全的更高度关注和担忧，在一定程度上延缓了各国对核能的预期和规划，使得许多国家重新审视了其对核能的态度和决策。原本计划建设核电站或扩大核能产能的国家开始重新考虑这个选择的可行性，并加强了对现有核设施的安全管理和监管。国际社会也提出了更严格的安全标准，包括高防御性的“纵深防御”理念，以确保核电站在发生任何可能导致核泄漏的情况下都能够迅速控制事态和减少影响。此外，核能还面临着来自其他能源竞争的挑战，如风能、太阳能等。尽管核能在大规模发电方面有着明显优势，但其建设成本和运营费用相对较高，而且在处理核废物、保障供应安全等方面也需要巨大的投资和技术支持。为了解决这些问题，世界各国正积极探索新一代先进核能技术，包括更安全、高效的反应堆设计，以及核废物处理和处置技术的创新。这些新技术不仅可以提高核能的经济性和环保性，同时也可大大降低核扩散风险和核事故概率。但要实现这些目标，需要全球范围内的合作和投资。各国政府应该共同协调制定更加严格和规范化的核能法规和监管体系，确保全球核能发展的安全和可持续性。同时，民间企业和科研机构也应该在技术创新和应用上积极探索，推动核能向更加安全、高效、环保的方向发展。

现阶段，全球能源结构正处于朝向清洁能源以及可再生能源转型发展的关键时期，因此先进核电系统的安全利用是极具战略意义的研究课题。未来，先进核能技术的发展仍然任重道远，还需要在多个方面的不同领域推进技术革新。

首先，应当推动液态金属快堆技术的发展。液态金属快堆是一种新型的核能技术，具有许多优点。它使用液态金属作为冷却剂和燃料，并且具有低压和快谱特性，因此可以满足安全性和可持续性要求。在国际上，钠冷和铅冷快堆已经有了较好的技术基础，这为其进一步发展提供了良好的条件。另外，考虑到长远的可持续性，基于钍基熔盐堆进行技术研究也是必要的。这种技术可以更大程度地实现燃料的可持续性，同时减少放射性废物的产生。

其次，要注重先进小堆的创新和应用。先进小堆是指一种高度安全、功率小、多用途、灵活性强的核能技术，将成为未来核能应用的新趋势。为了构建高效低碳灵活的智慧能源系统，需要着眼于先进小堆的综合应用和创新应用。结合用户需求和特殊用途，先进核能将实现运行灵活、部署灵活和产品灵活的功能，成为可调度的综合能源，具备负荷跟踪能力、不同功率组合及更宽的厂址适应性以及供热、制氢、制淡（水）、海洋开发等能力。在能源转型的背景下，先进核能与储能系统或可与再生能源优势互补，形成低碳协同混合系统，能够满足不同需求，提高电网的灵活性和可靠性。同时，这种系统还能够解决可再生能源间隙性和为核能热量创造更多的使用机会，从而建立起综合创新的低碳协同智慧能源系统。除此之外，先进小堆还具有其他的优势。比如，它们的设计相对精简，可以减少核废料的生成，同时也具有更高的安全性和更低的运营成本。这些特点使得先进小堆成为一种非常有前途的新能源技术，有望在未来为我们提供更为可靠、安全和环保的能源解决方案。

最后，重点加强基础研究和共性技术研发，是实现先进核能系统的可行性的关键。先进核能具有更高的运行温度、特殊的冷却剂和较长时间不换料等技术特征，这些特征对燃料和材料性能提出了更高的要求，因此应该加大对燃料和特殊材料的研发力度。同时，由于先进核能采用不同的冷却剂、材料和堆型，需要加强基础领域研究，推动先进核能分析模型的开发和设计分析体系的升级，以确保先进核能系统的可靠性和安全性。另外，闭式燃料循环也是实现核能长远可持续发展的关键技术之一。由于核能资源有限，通过闭式燃料循环可以使核燃料得到更充分的利用，减少核废料的产生，并且不断循环利用燃料，从而实现核能长远的可持续发展。因此，应加强闭式燃料循环的技术研究，提高其效率和可行性。除此之外，为了保障先进核能系统的安全性，还需要加强标准规范和安全监管等方面的研究，推动先进核能特有的标准体系和监管体系建设。通过制定科学合理的标准和规范，并建立严格的监管机制，可以有效地提高先进核能系统的安全水平，保障人民群众的生命财产安全。

四、非常规能源的勘探开发利用

伴随着全球能源需求的不断增加以及传统化石燃料资源的日益枯竭，非常规能源的勘探开发利用显得愈发重要。所谓非常规能源指的是那些不能通过传统方式获得的能源，包括页岩气、煤层气、天然气水合物等。之所以称之为非常规能源是相对于煤、石油、天然气等常规能源而言的，虽然两者在理论层面的分类有所不同，但实际上它们都属化石能源，并且它们的生成、分布与盆地的发育演化密切相关，另外常规能源和非常规能源的形成聚集也有着千丝万缕的联系，可以说大多数非常规能源都是油气同一种能源的不同时期、不同阶段的产物。这些能源的开采可能需要更加复杂和昂贵的技术和设备，如水平钻井、压裂等技术，但随着技术的不断进步和提高，非常规能源的开采成本将逐渐降低，这对于人类能源的需求来说是一个好消息。同时，我们也应该意识到非常规能源开采的环境影响和能源可持续性问题，必须谨慎评估和管理。

对非常规能源的研究可以追溯到20世纪30年代，当时科研界一直认为这项研究并无实际意义，相关勘探也全无价值，但是近年来，在世界能源问题的影响下，各个国家都开始将非常规能源的勘探开发利用作为重点研究方向。其中，煤层气和页岩气的开采成功，引起了广泛的关注和讨论。

煤层气是指煤炭中自然形成的气体，包括甲烷、二氧化碳、氮气等。传统上，煤层气只被视作一种煤矿安全问题，需要通过抽放处理来保证矿工的生命安全。但是，随着煤层气地面开采技术的不断发展，人们开始认识到这是一种可以利用的能源。相对于传统的天然气开采，煤层气开采具有更低的成本和更小的环境影响，而且可以有效减少温室气体排放，因此备受青睐。

同样备受关注的是页岩气的开采。页岩气是指存在于页岩岩石中的天然气，其开采过程是一项复杂而困难的技术挑战。然而，在美国的成功实践中，页岩气的开采成功开启了“页岩气革命”，引发了全球能源行业的巨大变革。

除了煤层气和页岩气，天然气水合物（可燃冰）也是备受关注的非常规能源。天然气水合物是指在寒冷高压环境下，天然气和水形成的一种类似冰的化合物。这种非常规能源蕴藏量极大，据科学家研究发现，目前全球海洋和陆上永久冻土带的天然气水合物储量相当于全球已知石油和天然气储量之和，具有广阔的应用前景和经济价值。不过其开采技术还存在很多难点，需要进行持续而深入的研究探索。

据有关部门的调查研究和统计数据显示，全球非常规能源资源规模巨大，但其储藏形态复杂，地质条件多变，勘探难度大，需要依靠高端技术和设备进行资源勘探。与传统能源相比，非常规能源的储藏和分布都十分特殊。因此，勘探需要使用现代技术和设备来确定资源类型、分布范围、可采储量等因素。当前，最常用的勘探技术包括地震勘探、电磁勘探、测井和钻探等。这些技术有助于探明潜在资源并评估其开发价值，从而为后续的合理开发提供基础数据支持。例如，页岩气是一种紧密结合在页岩岩层中的天然气，因此需要使用水力压裂技术才能释放出来。电磁勘探可以检测到地下的导电性体，可以定位潜在储层。同时，钻孔采样可以获取地质样品并进行分析，帮助确定地下储藏类型和可采储量。由于非常规能源的勘探和开发需要大量投入，相关企业和政府需要进行详细的评估，判断开发效益和社会效益，确保其可持续性和安全性。此外，非常规能源的开发还需要满足环保要求，减少对地球环境的影响，加强监管和管理，以确保其可持续发展。

五、有机废物能的高效清洁利用

有机废物是指种植、食品加工、动物排泄等活动产生的含有碳元素的废弃物。近年来，随着社会经济的迅速发展，人民生活的物质水平得到了极大提高，这同时也引发了有机废物数量的激增。由于处置方式不当、处理力度不够，导致有机废物侵占土地、污染水体和土壤、污染大气等环境问题，并且可能存在传播疾病的卫生隐患，给人们的生活带来严重影响。传统的处理方式主要是通过卫生填埋，但这种方法存在很多缺陷。首先，填埋场所需要占用大量土地资源，造成了资源的极大浪费。其次，在填埋过程中，有机废物中的有害物质可能渗透到土壤和地下水中，导致二次污染。其实，有机废物是可以转化为能源的，传统的处理方式未能有效利用其中蕴涵的丰富能源物质，导致了资源的极大浪费。因此，当前亟待解决的重点课题之一是如何妥善、安全、有效地处理有机废物，变废为宝，使之成为能源。

近年来，受世界能源结构转型趋势的影响，有机废物能的高效清洁利用成为各国研究的热点课题。利用有机废物能是指将生活垃圾、农业废弃物、工业废料等可再生资源转化为可用的能源形式，如沼气、生物质能等。这种能源转化方式有着重要的意义。首先，利用有机废物能可以减少环境污染。随着人口增加和生产活动的发展，大量的有机废物被排放到环境中，导致土地、水源等环境受到污染。将有机废物转化为能源，可以避免堆积和腐烂所带来的恶臭和细菌滋生，同时减少有机物质在自然界分解时带来的温室气体排放，减缓全球变暖。其次，利用有机废物能可以促进可持续发展。传统能源消耗过度，会导致能源枯竭和环境恶化，而有机废物则是一种可再生的资源。通过将其转化为能源，可以有效节约非可再生能源的使用，推动社会经济的可持续发展。此外，利用有机废物能还可以改善农村能源结构。在农村地区，由于煤炭等化石能源的供应不足，农业废弃物和生活垃圾难以处理，导致环境污染和垃圾囤积。通过利用有机废物转化为沼气、生物质能等能源形式，可以满足当地居民的能源需求，促进农村经济发展。

随着全球人口的增长和城市化进程的加速，有机废物的数量不断增加，给环境和公共卫生带来了巨大的影响。然而，就目前来看想要实现变废为宝，对有机废物能进行高效清洁利用，仍然要面对诸多阻碍和挑战。首先，处理成本是实现有机废物清洁利用的主要障碍之一。对于许多地区而言，建设处理厂和设备需要耗费大量资金，再加之运输和储存等成本，使得有机废物清洁利用成本高而经济效益不高。而且由于有机废物的性质和来源各异，其处理方式也需要根据不同的情况进行调整，这也增加了处理成本。其次，垃圾分类不规范也是有机废物清洁利用的主要障碍。许多地区缺乏有效的废物分类系统，导致有机废物与其他垃圾混合在一起，难以实现对有机废物的高效利用。同时也由于居民的分类意识不足或者缺乏相关知识，容易造成废物分类不规范的问题。再次，技术限制也是有机废物清洁利用的一个重要限制因素。虽然目前有多种方法将有机废物转化为能源或肥料，如沼气发酵、厌氧消化、焚烧和堆肥等，然而每种技术都存在特定的适用范围和局限性，可能无法完全适应某些有机废物的处理需求，因此科学家们需要继续探索新的技术和方法，以解决有机废物处理方面的问题。最后，国家政策限制也是影响有机废物清洁利用的一个重要因素。许多国家缺乏相关的立法和政策支持，没有为有机废物清洁利用提供足够的政策保障和激励措施，这使得企业和个人缺乏积极性，难以积极参与到有机废物清洁利用中来。此外，有些有机废物可能存在潜在的危险性，如病毒、细菌等微生物，或者含有化学物质、重金属等有害成分，这就需要在处理过程中对这些有机废物进行专门的处理和监管，以确保不会对人类和环境造成危害。

导致有机废物处理难度大的主要原因就是其复杂的组成结构。从宏观角度来看，有机废物主要包括食品废弃物、农业废弃物、生活垃圾、工业废弃物，以及其他废弃物如园林废弃物、城市污泥等。因此，针对不同的有机废物种类，也要采取不同的方案和策略。例如，在处理厨余垃圾时，可以采用厨余堆肥的方式，厨余堆肥是一种常见的有机废物处理方式，其工作原理是将厨余垃圾放置在指定区域，并通过添加适量的调节剂和微生物等进行发酵处理，产生的厨余堆肥可作为优质的有机肥料，用于农业生产。 该方法既能减少有机废物的排放，又能为农业生产提供有效的营养物质和改良土壤结构。 沼气发电是另一种主要的有机废物处理方式，其原理是将有机废物置于密闭的容器内进行沼气发酵，产生的沼气可以用于发电和加热等用途，也可以作为替代传统燃料使用。该方法不仅能够将废弃物转化为能源，还能够减少温室气体排放和环境污染。 生物质能源利用是一种有机废物处理方式，它将有机废物转化为生物质能源，如生物乙醇、生物柴油等，以满足能源需求。 该方法能够有效利用废弃物，同时也可以减缓传统石油等化石能源的消耗和对环境的影响。 生物处理方法则是利用微生物、生物酶等技术对有机废物进行生物处理，将有机废物转化为有价值的产品，如单细胞蛋白、生物液体肥料等，用于农业和养殖等领域。 这种方法不仅能够减少有机废物的排放，还能够提高资源利用效率并降低环境污染。 当然，处理有机废物的方式还包括热解、气化以及循环等方式。 总而言之，各种有机废物处理方式都具有重要的作用，可以有效利用有机废物资源，减少废弃物的排放，提高资源利用效率并降低环境污染。

六、规模化储能与输电关键技术

随着全球对清洁能源的需求日益增长，可再生能源（如风能、太阳能等）已经成为世界各国致力于减少碳排放的重要手段。 然而，可再生能源的输出存在不稳定性和间歇性等问题，这限制了其在电力系统中的大规模应用。 因此，如何将可再生能源稳定地输送到电网中，实现平稳运行，已经成了一个迫切需要解决的问题。 规模化储能技术就是为了解决上述问题而发展起来的一种技术手段，它可以将电力转化为其他形式的能量储存起来，以便在需要时释放出来，从而实现可再生能源的输送和调度。规模化储能技术主要包括氢能、锂离子电池、压缩空气储能、水泵蓄能和超级电容器等几种技术。

氢能是一种具有广泛应用前景的规模化储能技术，它通过电解水制氢，将电能储存在氢气中，然后再将氢气转化为电能。氢气可以长期储存，且产生的唯一废物是纯净的水，因此被视为清洁、环保的能源形式，具有很大的应用潜力。然而，由于氢气需要在高压、高温条件下储存和运输，因此其成本较高，且技术难度较大，需要进一步研发和完善。

锂离子电池是当前商业化程度最高的储能技术之一，也可以满足规模化储能的要求。它具有高能量密度、长寿命、快速响应等优点，广泛应用于电动汽车、家庭储能、电网储能等领域。但与此同时，锂离子电池也存在着安全性、成本等方面的问题，需要不断进行技术创新和提升。

压缩空气储能和水泵蓄能等技术则较为成熟、成本较低，在实现能源转化和储存方面比传统的化石能源更加环保、可持续和经济。但是，这些技术也存在一些不足之处，如压缩空气储能需要耗费大量的能量来压缩空气，且会产生噪音和震动，可能对周边环境和人体健康造成一定影响。水泵蓄能则需要建设水库等配套设施，对环境影响较大，并且受限于地形和气候等自然条件。

超级电容器则是一种新型的储能技术，与传统电池不同的是，它通过电场而非化学反应来存储电荷，这使得超级电容器具有高功率密度、快速响应等优点，可以在短时间内存储和释放大量电能。因此，超级电容器在需要快速响应、对电力质量要求较高的场合，如电动车辆和电力系统的能量回收中，具有重要的应用前景。然而，超级电容器的能量密度相对较低，无法长期储存大量电能。因此，为了充分发挥超级电容器的优势，需要将其与其他技术结合使用，如与锂离子电池、太阳能电池板等相结合，形成混合能源储存系统，以满足更广泛的能源需求。在未来，随着科技的不断进步和市场需求的增加，超级电容器有望在能源领域发挥更加重要的作用。

输电技术在现代电力系统中扮演着重要的角色，它涉及电力传输、变换、分配和控制等方面。稳定性、可靠性和高效性是输电技术设计和应用的关键目标，这些因素直接影响到电网运行的安全和稳定。传统的交流输电技术已经得到了广泛应用，但随着能源需求的增加和环境保护要求的提高，新型输电技术也日益受到重视。柔性交流输电技术是近年来研究的热点之一，它采用灵活的控制方法来实现电力的有效传输和分配。高温超导输电技术则利用超导材料的低电阻特性来降低线路损耗并提高能量传输效率。而直流输电技术则具有大容量、低损耗和远距离传输等优点，适用于远距离输电和海上风电场等场景。这些新型技术各有优缺点，并且在实际应用中也存在一些具体的问题和挑战。下面简要介绍一下这三种输电技术。

柔性交流输电技术是一种在高压交流电网中广泛应用的新型输电技术。其核心是采用换流器实现电能的转换和控制，从而实现电压、频率和相位等参数的精确控制和调节。该技术可以提高电网的容量、稳定性和可靠性，同时能够减少输电损耗。这对于满足能源需求和降低环境污染具有重要意义。然而，与传统交流输电技术相比，柔性交流输电技术的成本较高，需要投入大量的资金进行建设和维护。

高温超导输电技术是一种新型的输电技术，其主要优势在于能够将电阻降至极低的程度，从而有效降低输电损耗。此外，高温超导材料还具有卓越的超导性能和机械强度，可以在较高的温度下工作，从而节约冷却成本。虽然高温超导材料的制备难度较大，但其研究和开发已经取得了一定进展。未来随着技术的进一步发展，高温超导输电技术有望得到更广泛的应用。

直流输电技术是一种传输电压为直流的输电技术，可以长距离传输电力，并且能够减少输电损耗。与柔性交流输电技术相比，直流输电技术的控制较为简单，可以快速响应电网故障，并具有更好的灵活性和可扩展性。此外，直流输电技术还可以实现不同电网之间的互联，促进区域间的电力交换和共享。然而，直流输电技术的建设和维护成本较高，需要考虑适当的技术、经济和环境因素。未来，随着技术的进一步发展和成本的降低，直流输电技术有望在更广泛的领域得到应用。

总体来说，柔性交流输电技术、高温超导输电技术和直流输电技术都是当前新兴的输电技术。这些技术在提高电网容量、稳定性和可靠性方面都有显著优势，可以为能源转型和可持续发展作出重要贡献。但是，这些技术的推广和应用还需要克服一些挑战，如成本、技术瓶颈和规范制定等。未来，需要继续加强技术创新、加大投入力度，推动这些技术的发展和应用，为能源可持续发展作出更大贡献。

随着全球对清洁能源的需求不断增加，规模化储能技术和输电关键技术已经成为可再生能源发展面临的重要挑战。传统的能源存储方式存在很多限制，而储能技术的创新可以大幅提高能源的利用效率，实现能源的平衡供应。同时，输电技术在解决可再生能源接入电网时也发挥着至关重要的作用，有效降低了系统运行的成本和风险。这些技术的发展将有助于推动清洁能源的普及和应用，减少对传统化石能源的依赖，进一步促进全球的环保和可持续发展。我们需要不断地加强技术研发和创新，将这些技术不断完善，并在政策和市场层面支持其应用，以实现清洁能源的突破性发展。

七、新能源汽车的广泛应用

新能源汽车是指使用非传统燃料的汽车，相比传统燃油汽车，新能源汽车具有环保、节能、低碳等优点。新能源汽车的发展历史可以追溯到19世纪末期，当时电动汽车曾经是汽车行业的主流。然而，由于石油的广泛应用和内燃机的发明，电动汽车逐渐被淘汰。直到20世纪末期，环保和能源危机问题再次引起了人们对新能源汽车的关注。随着科技的不断进步和环保意识的增强，新能源汽车的发展逐渐加速。目前，新能源汽车主要包括纯电动汽车、插电式混合动力汽车和燃料电池汽车等。这些新能源汽车具有零排放、低噪音、高效节能等优点，成为未来汽车发展的重要方向。在政策的支持下，新能源汽车的销量逐年增长。同时，新能源汽车的技术也在不断提升，电池续航能力、充电速度等问题也在不断被解决。2008年全球金融危机爆发，对于新能源汽车的发展来说既是挑战也是机遇。各国政府纷纷出台了新能源汽车的补贴政策，以刺激市场需求，推动新能源汽车的发展。

我国新能源汽车的发展也取得了显著的进展。2010年中国政府出台了《新能源汽车产业发展规划》，在这条规划方案当中明确了新能源汽车的发展目标和政策措施。这个规划的目标是到2020年，新能源汽车的年产量达到500万辆，新能源汽车的销售占整个汽车市场的比重达到5%。为了实现这个目标，中国政府采取了一系列的政策措施，包括补贴政策、免费停车、免费充电等。随着政策的推动，中国新能源汽车市场快速发展。截至2021年，中国已成为全球最大的新能源汽车市场，新能源汽车销量占整个汽车市场销量的比重越来越大。除了政策的推动，中国新能源汽车市场的发展还得益于技术的进步和市场的需求。随着电池技术的不断提升，新能源汽车的续航里程和充电速度都得到了大幅提升，这使得新能源汽车的使用更加便捷和实用。同时，随着环保意识的不断提高，越来越多的消费者开始关注新能源汽车，这也促进了新能源汽车市场的发展。总的来说，中国新能源汽车市场的发展取得了显著的进展，但仍面临一些挑战，如充电基础设施建设不足、电池技术仍需进一步提升等。

现如今随着人们环保意识的不断提高，新能源汽车的市场需求不断增加，与此同时新能源汽车的价格也在不断下降，这些因素都为新能源汽车的应用前景提供了更加广阔的空间。

第六讲　生物技术

生物技术，是指以现代生命科学为基础，结合其他基础科学的科学原理，采用先进的科学技术手段，按照预先的设计改造生物体或加工生物原料，为人类生产出所需产品或达到某种目的的一种技术方式。生物技术不仅是一门新兴的、综合性的学科，更是一个深受人们依赖与期待的、亟待开发与拓展的领域。生物技术研究所涉及的方面非常广，其发展与创新也是日新月异的。现今生物科学的专业研究综合了基因工程、分子生物学、生物化学、遗传学、细胞生物学、胚胎学、免疫学、有机化学、无机化学、物理化学、物理学、信息学及计算机科学等多学科技术。随着社会的成熟与发展，生物技术的发展不断拓展着人们的生活，使人们的需求得到越来越多的满足，为很多与人们生活切实相关的问题找到解决的方法。生物技术的发展，意味着人类科学各领域技术水平的综合发展，其发达程度与安全程度，也对人类文明的发展与安全有着极为重要的影响。

一、生物技术在生命健康领域的应用

在生命健康领域，生物技术已经成为重要的研究方向之一。基因编辑、干细胞技术、蛋白质工程等生物技术手段被广泛应用于疾病预防、诊断和治疗等方面，为人类健康事业作出了积极贡献。

基因工程技术的发展为生命健康领域带来了许多新的治疗方法和药品，这些方法可用于治疗多种疾病，包括肿瘤、遗传性疾病、感染性疾病等。基因工程是一种现代生物技术，通过对 DNA 进行修改和操作，以实现人们所需的特定目的。这项技术的发展历经了多年的努力和不断探索，已经成为分子生物学和遗传学领域的重要组成部分。基因工程技术包括基因克隆、转基因技术、CRISPR－Cas9 等，这些技术在医药领域、农业领域、工业领域等方面都有着广泛的应用。在医药领域，基因工程技术可以被用来研发新型药物、治疗癌症、改善人类健康等方面。其中，利用基因工程技术制备的生物制品，如重组蛋白质、抗体等，已成为临床治疗中不可或缺的重要药物。

在了解干细胞技术之前，先说一下什么叫干细胞。在我们身体中，每一个体细胞都被训练得高度“专业”，如皮肤细胞可以保护身体，肌肉细胞可以收缩，神经细胞可以传递讯息，等等。但干细胞像是一个从未接受过任何专业训练却具有从事各种职业潜能的学生。干细胞具有无限的或者永生的自我更新能力，能够产生至少一种类型的、高度分化的子代细胞，所以干细胞又称“万能细胞”，它具有修复受损细胞、替代衰老细胞、激活休眠细胞等多重作用。干细胞能够进行自我复制，在特定的条件下，它能够分化成为机体各个组织和器官所需的各种类型的细胞，可以向各种组织器官分化。干细胞技术，被誉为继药物治疗、手术治疗后的第三次医学革命。及时地补充干细胞，将系统提高全身细胞的更新换代能力，增强细胞活性，全面改善组织、器官功能。干细胞治疗疾病的原理体现在两个方面：干细胞分化和干细胞旁分泌。干细胞分化是指干细胞通过体外提纯、增殖、定向培养，然后注入病变的组织内，在目标组织内的微环境的作用下，长出新的细胞与组织，弥补组织细胞的衰老、死亡、损伤，使得病变的组织与细胞恢复健康。而干细胞旁分泌则是指干细胞注入目标组织后，可以通过分泌出各种蛋白质、酶与因子，来促进细胞修复受损组织与生长新的组织。干细胞技术为人类组织再生提供了可能性，可以将受损或因疾病而引起功能性障碍的器官再生出来。以慢性病的治疗为例，长期用药治疗可能带来严重毒副作用或不良反应，甚至在体内形成毒素沉积。而来源于人体自身的干细胞则无副作用——目前已开展的干细胞临床试验中，尚未见到严重不良事件的报告。截至目前，干细胞技术能够有效改善的疾病达到140余种，对于自身免疫性疾病、炎症性疾病、神经退行性疾病、运动系统疾病、呼吸系统疾病、代谢性疾病和心脑血管疾病等具有良好的干预效果。

蛋白质工程目前尚未有统一的定义。一般认为，蛋白质工程就是通过基因重组技术改变或设计合成具有特定生物功能的蛋白质。实际上蛋白质工程包括蛋白质的分离纯化，蛋白质结构和功能的分析、设计和预测，通过基因重组或其他手段改造或创造蛋白质。从广义上来说，蛋白质工程是通过物理、化学、生物和基因重组等技术改造蛋白质或设计合成具有特定功能的新蛋白质。它利用基因工程的手段，在目标蛋白的氨基酸序列上引入突变，从而改变目标蛋白的空间结构，最终达到改善其功能的目的。传统的蛋白质工程手段大多通过引入随机突变来改造目标蛋白，随着计算机技术和生物信息学技术的飞速发展，计算机模拟被越来越多地应用到蛋白质工程中，从而衍生出半合理化设计、合理化设计等多种新的蛋白质工程的手段，如通过对蛋白质DNA改组，定向进化对酶进行合理化设计，从而提高酶的活性等。

二、生物技术在农林牧渔领域的应用

在现代化的农业领域，生物技术的应用已经相当普遍，除了改良作物品种，提高产量和抗病性之外，生物技术还可以用于提高农产品的品质和营养价值，减少农药和化肥的使用，改善土壤质量，促进农业可持续发展。如利用基因编辑技术就可以精准地修改作物基因，使其具有更好的耐旱、耐寒、耐病等特性。这种技术可以帮助农民种植更加适应当地气候和土壤条件的作物，提高作物的产量和质量，减少农药和化肥的使用，降低生产成本，增加农民的收入。此外，利用生物技术还可以生产农业生物制品，如生物农药、生物肥料等，避免对土壤和水源造成污染。生物技术还可以用于改善土壤质量，促进农业可持续发展。例如，通过生物技术可以生产出一些能够分解有机物的微生物，这些微生物可以帮助土壤恢复生命力，提高土壤的肥力和水分保持能力，减少土壤侵蚀和水土流失。不难发现，随着生物技术的不断发展和创新，未来将会在农业生产中发挥越来越重要的作用。

林业作为社会生产中的重要产业之一，不仅为其他产业提供木材以及类型多样的林业产品作为基础材料，而且还对环境和生态系统的保护起着至关重要的作用。随着科技的不断发展，生物技术在林业方面的应用也越来越广泛。如通过基因编辑技术来改良树种，使其具有更好的抗病性和适应性，同时提高木材的硬度和密度。这些改良后的树种可以更好地适应不同的环境和气候条件，从而提高林业的生产效率和质量。此外，生物技术还可以用于林业的病虫害防治。传统的病虫害防治方法往往需要使用大量的化学农药和杀虫剂，这些化学物质会对环境和生态系统造成严重的污染和破坏。而生物技术可以通过基因编辑技术来改良树种的抗病性和抗虫性，从而减少对化学农药和杀虫剂的依赖，保护环境和生态系统的健康。就目前来看，生物技术在林业生产方面的应用具有非常可观的前景和潜力，通过生物技术的应用，可以提高林业生产的效率和质量，保护环境和生态系统的健康，促进林业产业的可持续发展。

在畜牧业生产方面，生物技术同样发挥了重要作用。一方面，通过基因编辑技术，可以改良畜禽品种，使其具有更好的抗病性和生长速度，这样可以减少畜禽疾病的发生率，提高养殖效益。同时，改良后的畜禽品种还可以提高肉、蛋、奶等产品的产量和品质，满足人们对高品质畜禽产品的需求。

在水产养殖领域，生物技术的应用已经成为提高水产品产量和品质的重要手段。通过基因编辑技术，可以对水产生物进行精准的基因改良，使其具有更好的抗病性和生长速度，同时提高肉质和营养价值。

三、生物技术在生态环保领域的应用

生物技术同样可以应用于环境保护方面，为当前环境污染治理发挥重要作用。生物技术可以通过微生物、植物、动物等生物体的代谢能力，将有害物质转化为无害物质，从而达到净化环境的目的。例如，在水污染治理方面，可以利用微生物降解有机物，净化水体；在土壤污染治理方面，可以利用植物吸收有害物质，修复受污染的土壤；在大气污染治理方面，可以利用微生物降解有害气体，净化空气等。另外，应用生物技术生成的大部分物质都具有对环境污染小的特点，如生物降解塑料、生物柴油等，这些物质可以替代传统的化学合成物质，从而减少对环境的污染。

现如今生物技术在污水处理中的应用十分普遍，通过微生物的代谢功能来降解有机物质，从而达到净化水质的目的。具体来说，生物技术在污水处理中的应用包括厌氧处理技术、好氧处理技术以及生物膜反应器技术。厌氧处理技术是一种利用厌氧微生物降解有机物质的技术。相比于传统的好氧处理技术，厌氧处理技术可以更有效地处理高浓度有机废水，如处理酿造废水、食品加工废水等。在厌氧条件下，微生物可以将有机物质分解为沼气和有机酸等物质，从而实现能源的回收利用。此外，厌氧处理技术还可以减少处理过程中的能耗和化学药剂的使用，具有较高的经济效益和环境效益。好氧处理技术是一种利用好氧微生物降解有机物质的技术。在好氧条件下，微生物可以将有机物质分解为二氧化碳和水，同时还可以将氨氮等有害物质转化为无害物质。这种技术可以有效地降解有机物质，从而达到净化水质的目的。好氧处理技术适用于低浓度有机废水的处理，如生活污水、轻工业废水等。相比于其他处理技术，好氧处理技术具有处理效率高、操作简单、投资成本低等优点，因此在实际应用中得到了广泛的应用。生物膜反应器技术是一种利用生物膜降解有机物质的技术。生物膜是一种由微生物和其代谢产物组成的薄膜，可以在水中形成。生物膜反应器技术通过将水流经过生物膜，使有机物质被微生物降解，同时将氨氮等有害物质转化为无害物质，从而达到净化水质的目的。生物膜反应器技术具有处理效率高、运行成本低、占地面积小等优点，因此被广泛应用于污水处理、饮用水净化等领域。除了以上三种技术，生物技术在污水处理中还有其他应用方法，如生物接触氧化法、生物滤池法等。这些技术都是利用微生物的代谢作用来降解有机物质，从而达到净化水质的目的。总的来说，生物技术在污水处理中的应用是非常重要的，它能够有效地降解有机物质，净化水质，同时还可以实现能源的回收利用。随着生物技术的不断发展，在未来污水处理领域中，生物技术的应用会越来越广泛，为环境保护事业作出更大的贡献。

生物技术在土壤修复中的应用主要包括微生物修复技术和植物修复技术。微生物修复技术是一种利用微生物降解有机物质的技术，它可以通过添加适当的微生物来促进土壤中有机物质的降解，从而达到修复土壤的目的。微生物修复技术的原理是利用微生物的代谢能力，将有机物质降解为无机物质，从而减少有机物质对土壤的污染。微生物修复技术可以应用于各种类型的土壤，包括油污染、重金属污染、农药污染等。在实际应用中，可以通过添加适当的微生物菌剂来促进土壤中有机物质的降解，从而达到修复土壤的目的。微生物修复技术的优点在于操作简单、成本低廉、效果显著。相比于传统的土壤修复技术，微生物修复技术不需要大量的人力、物力投入，也不会对环境造成二次污染。此外，微生物修复技术还可以促进土壤的生态恢复，提高土壤的肥力和生产力。作为一种极具效益的土壤修复技术，微生物修复技术具有广泛的应用前景。在未来的发展中，微生物修复技术还将不断完善和创新，为保护环境、促进可持续发展作出更大的贡献。植物修复技术是一种利用植物吸收有害物质的技术，它可以通过选择适合生长的植物种类，将其种植在受污染的土壤中，利用植物的吸收作用将土壤中的有害物质吸收到植物体内，从而达到修复土壤的目的。植物修复技术具有环保、经济、可持续等优点，因此在土壤修复中也得到了广泛的应用。植物修复技术拥有众多优点，其中之一就是其显著的环保特性。相比传统的土壤修复方法，植物修复技术不需要使用化学药剂或其他有害物质，因此不会对环境造成二次污染。同时，植物修复技术还可以增加土壤的有机质含量，改善土壤结构，提高土壤的肥力，从而促进生态系统的恢复和保护。植物修复技术的另一个优点是高效经济。相比传统的土壤修复方法，植物修复技术成本更低，因为它不需要购买昂贵的化学药剂或其他设备。同时，植物修复技术还可以利用一些廉价的植物种类，如杨树、柳树等，从而降低修复成本。植物修复技术的第三个优点是可持续。植物修复技术可以利用植物的自然生长过程，将有害物质吸收到植物体内，从而达到修复土壤的目的。这种方法不仅可以避免对环境造成二次污染，还可以保持土壤的自然生态平衡，从而实现可持续发展。

生物技术同样能够应用在生态保护领域，可以通过微生物的代谢功能来降解有机物质，从而达到保护生态环境的目的。具体来说，生物技术在生态保护中的应用包括生物多样性保护、生态修复以及生物农业等方面。生物多样性是指生态系统中各种生物之间的差异和相互作用，包括物种多样性、遗传多样性和生态系统多样性。生物技术可以通过保护和繁殖珍稀濒危物种、恢复生态系统等方式来保护生物多样性。生态修复是一种利用生物技术修复生态环境的技术，其通过微生物的代谢功能来降解有机物质，从而达到修复生态环境的目的。

四、生物技术在化工领域的应用

生物技术在化工领域的应用，通常我们称之为生物化工。在生物化工发展的早期阶段，主要服务于抗生素的生产行业，后来则为激素和维生素的生物生产、生物转化以及单细胞蛋白生产等产业提供技术支持。20 世纪 80 年代，生物科技得到了全方位的高度重视，因此迅速兴起。在高技术力的加持下，人们开始利用植物细胞、重组微生物大规模培养等手段生产药用疫苗、蛋白、多肽等。并且，生物化工的应用已经不再拘泥于高端产业的生产与研发，而是逐渐进入人们日常生活的方方面面，如农业生产、环境保护、医药卫生、化轻原料生产、食品、资源和能源的开发等各领域。十分可喜的是，近年来生物工程技术的进步以及生物信息学和其他相关技术的发展更为生物化工注入了源源不断的动力，这也预示着生物化工将迎来又一个充满机遇和挑战的崭新发展时期。

生物技术在化工领域的应用非常广泛，涉及生物制药、生物材料等多个方面。生物制药是一门重要的医学技术，它利用了生物技术生产药物的方法，可以生产高效、高纯度、高特异性的药物，以充分满足患者的需求，是现代医学领域的重要组成部分。生物制药的生产过程需要大量的细胞培养和发酵技术，这些技术都是生物技术在化工领域的应用。生物制药的主要产品包括蛋白质药物、抗体药物、基因治疗药物等。其中，蛋白质药物是生物制药的主要产品之一，它们是由人工合成的蛋白质组成的药物，可以用于治疗多种疾病，如糖尿病、癌症、心血管疾病等。抗体药物是一种新型的生物制药，它们是由人工合成的单克隆抗体组成的药物，可以用于治疗多种疾病，如癌症、自身免疫性疾病等。基因治疗药物是一种新型的生物制药，它们是由人工合成的基因组成的药物，可以用于治疗多种疾病，如遗传性疾病、癌症等。

生物材料是指利用生物技术生产的材料，包括生物塑料、生物纤维等。作为一种新型的材料，生物材料具有可再生、可降解等特点，因此在环保、可持续发展等方面具有广泛的应用前景。生物材料的生产过程需要利用生物技术，这也是生物材料与传统材料的重要区别之一。在生物材料的生产过程中，生物转化技术和生物合成技术是两个重要的技术手段。生物转化技术是指利用微生物、酶等生物体对原料进行转化，从而得到所需的生物材料。例如，利用微生物将植物纤维素转化为生物塑料，或者利用酶将淀粉转化为生物塑料等。生物合成技术则是指利用生物体内的代谢途径，通过调控基因表达等手段，使生物体合成所需的生物材料。例如，利用基因工程技术使细菌合成生物纤维等。生物材料的应用领域非常广泛，在包装、建筑、医疗、纺织等领域都有应用。

第七讲　先进制造技术

先进制造技术是指利用先进的科学技术和现代化的生产手段，通过数字化、智能化、自动化等手段，实现生产过程的高效、精准、灵活和可持续发展。 它包括了绿色制造、智能制造、增材制造、虚拟制造等多个方面。

一、绿色制造

绿色制造技术是指在生产过程中采用环保、节能、可持续的方法和技术，以减少对环境的影响和资源的消耗。 这种技术可以通过改进生产过程、使用可再生能源、优化物流和回收利用废弃物等方式实现。 绿色制造技术不仅可以减少环境污染和资源浪费，还可以提高生产效率和产品质量，降低生产成本，从而增强企业的竞争力。 在当前环保意识日益增强的社会背景下，绿色制造技术已成为企业可持续发展的重要战略之一。

在人类社会进入工业化阶段后，针对基础科学的研究取得了十分显著的成功，通过技术力的不断提升，人类获得了控制并改造自然的能力，并以此创造了空前的社会经济价值，从根本上解放了生产力。 然而，工业化的迅速扩张不仅引发了严重的生态环境问题，还极大地透支了自然资源，带来了诸如温室效应、酸雨、雾霾等问题，现如今对人类自身的生存和发展也产生了不可忽视的巨大威胁。此种现状也引发了全世界对人类发展模式的深远思考。近年来，为了应对由传统资源所带来的诸多不利影响，绿色制造的概念被提出并得到广泛的关注，在不断的研究和实践之下取得了相当可观的进展。

绿色设计是绿色制造技术中非常重要的一环。在产品设计阶段，考虑产品的环保性能，尽可能减少对环境的影响，是绿色设计的核心理念。绿色设计的目的是通过减少产品的环境影响，提高产品的竞争力，同时保护环境，实现可持续发展。绿色设计的具体实践包括以下几个方面。

采用可再生材料：可再生材料是指可以通过自然过程再生的材料，如竹子、木材、麻等。采用可再生材料可以减少对非可再生资源的依赖，同时降低产品的碳排放量。

减少包装材料：包装材料是产品生命周期中产生的大量废弃物之一。绿色设计可以通过减少包装材料的使用，降低产品的包装成本，同时减少废弃物的产生。

设计可拆卸的产品：可拆卸的产品可以方便地进行维修和更换零部件，延长产品的使用寿命，减少废弃物的产生。同时，可拆卸的产品也方便回收和再利用。

优化产品的能源效率：优化产品的能源效率可以减少产品的能源消耗，降低碳排放量，同时降低产品的使用成本。

采用环保工艺：环保工艺是指在产品制造过程中采用环保的生产工艺，如水性涂料、低 VOC 材料等。采用环保工艺可以减少对环境的污染，同时提高产品的品质。

另外，绿色制造技术的实现需要建立完善的环境管理体系，这是保障生产过程中环境影响能够得到有效控制和管理的重要手段。环境管理体系包括环境监测系统、环境保护措施和环境培训等方面。首先，建立环境监测系统是环境管理的重要内容。通过监测生产过程中的环境影响，可以及时发现和解决环境问题，保证生产过程中的环境影响得到有效控制和管理。环境监测系统应该包括环境监测设备、监测数据处理和分析系统等。其次，制定环境保护措施也是环境管理的重要内容。制定环境保护措施可以有效地减少生产过程中的环境影响，保护环境。环境保护措施应该包括减少污染物排放、节约能源和资源、提高产品质量等方面。最后，开展环境培训也是环境管理的重要内容。通过开展环境培训，可以增强员工的环境保护意识，促进员工积极参与环境管理工作。环境培训应该包括环境法律法规、环境保护知识、环境管理技术等方面。总之，建立完善的环境管理体系是绿色制造技术实现的重要保障。通过环境监测、环境保护措施和环境培训等方面的工作，可以保证生产过程中的环境影响能够得到有效控制和管理，实现绿色制造的目标。

二、智能制造

智能制造技术是一种基于先进的信息技术和自动化技术，通过智能化的生产流程和智能化的生产设备，实现生产过程的自动化、智能化和高效化的制造技术。智能制造技术的核心是数字化、网络化和智能化，通过数字化技术将生产过程中的各种信息进行数字化处理，实现生产过程的可视化和可控化；通过网络化技术将生产过程中的各种信息进行互联互通，实现生产过程的协同化和优化；通过智能化技术将生产过程中的各种信息进行智能化处理，实现生产过程的自适应和自我优化。智能制造技术的应用可以提高生产效率、降低生产成本、提高产品质量和降低环境污染，是未来制造业发展的重要方向。

总的来说，智能制造技术是一种以信息化、自动化、智能化、灵活化和安全性为核心的制造方式，通过采用先进的技术手段，实现生产过程的智能化、自动化和数字化，提高生产效率和产品质量。智能制造技术的核心是信息化。通过采集、传输、处理和分析生产过程中的各种数据，实现生产过程的智能化和数字化，从而提高生产效率和产品质量。智能制造技术的应用范围非常广泛，包括工业制造、农业生产、医疗保健、交通运输等领域。在智能制造技术中，物联网技术是非常重要的一环。通过物联网技术，将生产设备、传感器和计算机等设备连接起来，实现设备之间的信息共享和协同。这样，生产过程中的各种数据可以被实时采集、传输和处理，从而实现生产过程的智能化和数字化。除了物联网技术以外，智能制造技术还包括人工智能、大数据、云计算等技术。通过这些技术的应用，可以实现生产过程的智能化和数字化，从而提高生产效率和产品质量。

智能制造技术不仅仅是一种新的生产方式，更是一种新的生产理念。智能制造技术的关键在于实现生产和制造的智能化，通过采用人工智能、机器学习和大数据等技术，实现生产过程的智能化和优化，从而提高生产效率和产品质量。在智能制造技术中，人工智能技术是非常重要的一部分。通过人工智能技术，可以对生产过程中的数据进行分析和预测，从而实现生产过程的智能化。另外，机器学习技术也是智能制造技术中的重要组成部分。通过机器学习技术，可以让机器自动学习和适应生产过程中的变化，从而实现生产过程的智能化。此外，大数据技术也是智能制造技术中的重要组成部分。通过大数据技术，可以对生产过程中的数据进行收集、存储、分析和应用，从而实现生产过程的智能化。

必须指出的是，智能制造技术的安全性是非常重要的，因为一旦出现安全问题，可能会导致生产过程中的信息泄露、设备损坏甚至人身安全受到威胁。为了保障智能制造的安全性，可以采用多种手段，如网络安全技术、数据加密技术和安全管理体系等。其中，建立完善的网络安全体系可以有效地防止黑客攻击和病毒入侵；加强设备安全管理可以防止设备被非法操作或损坏；加密数据传输可以保障数据的机密性和完整性。只有保障了智能制造的安全性，才能更好地发挥其优势，提高生产效率和质量。

三、增材制造

增材制造技术（Additive Manufacturing，简称 AM）是一种通过逐层堆积材料来制造三维实体的制造技术。20 多年来，AM 技术取得了快速的发展，“快速原型制造（Rapid Prototyping）”“三维打印（3D Printing)”“实体自由制造(Solid Free－form Fabrication)”之类各异的叫法分别从不同侧面表达了这一技术的特点。与传统的减材制造技术以及等材料制造技术不同，增材制造技术可以直接将设计图纸转化为实体，无需进行冗杂的加工和组装过程，特别是在复杂结构的制造领域更是具备不可替代的优势。因此，增材制造技术在制造领域中极具发展前景。

作为一种快速制造技术，增材制造技术能够在短时间内通过逐层堆积材料来制造出复杂的三维实体，这种技术可以应用于多个领域，如航空航天、医疗、汽车、建筑等。首先，需要使用计算机辅助设计软件（CAD）来设计出所需的三维模型。这个步骤是整个制造工艺的基础环节，因为设计的质量直接影响到最终制造出来的产品的质量和性能。随后根据设计要求，需要选择合适的材料，并将其制备成适合增材制造技术使用的形态，如粉末、液体或线材等。这个步骤的重要性也同样不容忽视，因为材料的质量和性能直接影响到最终制造出来的产品的质量和性能。最后将制备好的材料逐层堆积，形成所需的三维实体。不同的增材制造技术有不同的堆积方式，如喷墨式、光固化式、熔融沉积式等。 这个步骤是增材制造技术的核心，也是最具挑战性的步骤。 在制造完成后，需要进行后处理，如去除支撑结构、表面处理、热处理等，以获得所需的性能和表面质量。 这个步骤也非常重要，因为后处理的质量和效果直接影响到最终制造出来的产品的质量和性能。

增材制造技术在设计层面具有极高的自由度，在传统的机加工、铸造或模塑生产中，复杂设计的代价往往是非常高昂的，几乎每一个细节都需要通过使用额外的刀具或其他步骤进行制造，这不仅增加了制造成本，还会延长制造周期。 相比之下，增材制造可以大大降低部件的制造成本和制造周期，因为它可以直接将设计图转化为实体，无需额外的加工步骤。 在增材制造中，部件的复杂度极少需要或根本无需额外考虑。这意味着设计师可以更加自由地发挥他们的创造力，构建出其他制造工艺所不能实现或无法想象的形状。 这种自由度可以让设计师从纯粹考虑功能性的方面来设计部件，而无需考虑与制造相关的限制；这种自由度可以让设计师更加专注于创新和实用性，从而创造出更加优秀的产品。

同时，增材制造技术还具备小批量生产的经济性优势。 与传统的制造技术相比，增材制造技术在生产过程中不需要考虑模具的生产和配套，在完成设计后便可以直接进行制造，并且整个生产周期远远短于传统制造工艺，并且通过利用增材制造技术，可以直接忽略往常通过大批量生产才能够抵消的基础生产成本，这意味着增材工艺允许采用非常低的生产批量，包括单件生产，就能达到经济合理的打印生产目的。 随着技术的不断发展，增材制造将在未来变得越来越重要。 它可以帮助企业实现更高效、更灵活的生产方式，同时还可以为消费者提供更多样化、更个性化的产品选择。

另外，这种技术可以大大提高材料的效率，特别是金属部件的制造效率。 然而，增材制造工序经常不能达到关键性部件所要求的最终细节、尺寸和表面光洁度的要求，因此仍然需要进行机加工。 尽管如此，增材制造仍然是水平最高的工艺之一。在所有工艺中，增材制造可以制造出非常精细的部件和零件，其后续机加工所必须切削掉的材料数量是很微量的。这意味着增材制造可以大大减少材料的浪费，从而提高材料的利用率。除了提高材料的效率和利用率之外，增材制造还可以大幅缩短制造周期。因为传统的制造方法需要多道工序和多个设备来完成一个部件或零件的制造，而增材制造只需要一台设备和一种材料就可以完成。这意味着增材制造可以大幅缩短制造周期，从而提高生产效率和降低制造成本。

此外，出类拔萃的生产预测性也使得增材制造技术在众多制造技术中大放异彩。在传统的制造方式中，生产时间往往是不可预测的，因为制造过程中会受到很多因素的影响，如材料的质量、机器的性能、工人的技能等。这些因素都会对生产时间产生影响，导致生产时间难以预测。而在增材制造中，由于部件的设计方案可以直接影响构建时间，因此生产时间可以预测得很精确。这种生产可预测性的好处是显而易见的。一方面，通过精准的设计方案，制造商可以以更加科学的方式合理掌控生产的时间表，从而制定更加高效的生产计划，提高生产效率。另一方面，生产可预测性也可以帮助制造商更好地控制成本，他们可以在可控时间范围之内更好地预测生产时间和材料消耗量，从而更好地控制成本。

减少制造过程中的装配量也是增材制造技术的优势之一，这也彻底改变了传统制造工艺中的装配方式，使得复杂形状的产品可以一体成形，从而省去了之前需要投入到装配工序的工作量、需涉及的坚固件、钎焊或焊接工序，还有单纯为了装配操作而添加的多余表面形状和材料。在传统制造工艺中，许多产品都需要通过多个部件的装配才能完成。这种装配方式不仅需要大量的人力和物力投入，而且还容易出现装配不良、漏装等问题，从而影响产品的质量和性能。而增材制造技术的出现，使得这些问题得到了有效的解决。 通过增材制造技术，可以将复杂形状的产品一体成形，从而避免了传统制造工艺中的装配问题。 这种一体成形的方式，不仅可以提高产品的质量和性能，而且还可以大大降低生产成本，提高生产效率。 除了减少装配之外，增材制造技术还可以实现个性化定制，即根据客户的需求，生产出符合其要求的产品。 这种个性化定制的方式，可以满足客户的不同需求，提高客户的满意度，从而增强企业的竞争力。

随着增材制造技术的不断成熟，它已经成为整个制造业的重要组成部分。 现在，越来越多的材料，包括金属和聚合物，正在变得可用。这些材料的出现，使得增材制造技术的应用范围更加广泛，可以应用于更多的领域。 同时，软件集成也是增材制造技术不断成熟的重要因素之一。 现在，实时原位 3D 打印监控已经成为可能，这可以减少打印作业失败的发生。 这种监控技术可以实时监测打印过程中的各种参数，如温度、速度等，从而及时发现问题并进行调整，保证打印作业的成功率。除此之外，3D 打印机本身在准确性和可靠性方面的质量也在不断提高。现在，越来越多的厂商开始注重打印机的质量和性能，推出了更加高端的产品，这些产品不仅在打印精度和速度方面有了很大的提升，而且在使用寿命和稳定性方面也有了很大的改善。

四、虚拟制造

虚拟制造技术是一种综合系统技术，它是由多学科先进知识形成的。 它以计算机仿真技术为前提，对设计、制造等生产过程进行统一建模。 在产品设计阶段，虚拟制造技术可以实时地并行地模拟出产品未来制造全过程及其对产品设计的影响，预测产品性能、产品制造成本等。这样，可以更有效、更经济、更灵活地组织制造生产，使工厂和车间的资源得到合理配置，以达到产品的开发周期和成本的最小化、产品设计质量的最优化、生产效率的最高化之目的。虚拟制造技术的应用范围非常广泛，可以应用于各种制造行业，如汽车、机械、电子、航空航天等。

随着科技的不断进步和顾客需求的不断变化，现代制造业面临着全球范围内的激烈竞争。虚拟制造作为一门新兴的技术，可以在产品设计开发的各个阶段中实时把握产品制造过程，找出可能出现的问题，并有效地协调设计与制造环节的关系，以寻求企业的最大效益。虚拟制造技术的应用，可以大大降低研发周期和研发资本，快速响应市场，适应现代制造业对产品多方位、多维度的要求，极大地促进了敏捷制造的发展，推动了制造业的数字化、网络化、智能化。虚拟制造技术的应用，可以在产品设计阶段中进行模拟和测试，以确保产品的质量和可靠性。在制造阶段中，虚拟制造技术可以帮助企业优化生产流程，提高生产效率和产品质量。在售后服务阶段中，虚拟制造技术可以帮助企业更好地了解产品的使用情况和维修需求，提高客户满意度。另外，通过虚拟制造技术，可以使企业更加敏捷地响应市场需求，快速推出符合市场需求的产品。同时，虚拟制造技术还可以帮助企业降低成本、提高效率、提高产品质量和客户满意度，从而实现企业的可持续发展。

现如今，随着虚拟制造技术的不断发展和完善，其应用范围也在不断扩展。其中，虚拟企业是一种新型的组织形式，它通过整合不同企业或不同地点的工厂等现有资源，重新组织一个新公司，以快速响应市场需求。虚拟企业的建立是为了满足市场需求，迎接市场挑战，因为各企业本身无法单独满足市场需求。在虚拟企业中，各企业之间通过协作、合作等方式进行联合，以实现共同的目标。虚拟企业具有集成性和实效性两大特点。集成性是指虚拟企业能够整合不同企业或不同地点的工厂等现有资源，形成一个新的整体，以实现更高效的生产和更好的产品质量。实效性是指虚拟企业能够快速响应市场需求，加快新产品开发速度，降低生产成本，缩短产品生产周期等，从而提高企业的竞争力。

面对多变的市场需求，虚拟企业能够表现出显著的优势。首先，虚拟企业能够加快新产品开发速度，提高产品质量，降低生产成本，从而提高企业的竞争力。其次，虚拟企业能够快速响应用户需求，缩短产品生产周期，从而更好地满足市场需求。最后，虚拟企业能够为企业把握商机，快速响应市场需求，从而在商战中取得更大的成功。但是值得注意的是，虚拟企业的建立需要判断分析组合是否最优，能否协调运行，并对投产后的风险、利益分配等进行评估。只有在这些方面做好准备，才能确保虚拟企业的顺利运行。因此，虚拟企业的建立需要充分考虑各方面的因素，以确保企业的成功。

虚拟产品设计是一种基于计算机技术的设计方法，它可以帮助设计者在设计过程中更加高效地进行模拟和分析，从而提高产品的质量和效率。在飞机、汽车等复杂产品的设计中，虚拟产品设计可以帮助设计者更好地理解产品的结构和性能，从而优化设计方案，提高产品的性能和可靠性。虚拟产品设计的核心是三维实体模型，它可以帮助设计者更加直观地了解产品的结构和性能。在三维实体模型中，设计者可以对产品的各个部分进行详细的分析和模拟，从而找出潜在的问题和缺陷，并进行优化和改进。虚拟产品设计还可以帮助设计者更好地进行协同设计和远程协作。在传统的产品设计中，设计者需要在同一个地点进行协作，这样会浪费大量的时间和资源。而在虚拟产品设计中，设计者可以通过互联网进行远程协作，从而节省时间和成本，并提高协作效率。虚拟产品设计在现代工业中已经得到了广泛的应用。在航空航天领域，虚拟产品设计可以帮助设计者更好地进行飞行模拟和测试，从而提高飞机的性能和安全性。在汽车制造领域，虚拟产品设计可以帮助设计者更好地进行车身结构和动力系统的优化，从而提高汽车的性能和燃油效率。

虚拟产品制造是一种应用计算机仿真技术的制造方法，它可以对零件的加工方法、工序顺序、工装和工艺参数的选用以及加工工艺性、装配工艺性等进行建模仿真。通过虚拟产品制造，制造企业可以提前发现加工缺陷，提前发现装配时出现的问题，从而能够优化制造过程，提高加工效率。虚拟产品制造技术的应用可以大幅缩短产品的研发周期，降低产品的制造成本，提高产品的质量和可靠性。目前，虚拟产品制造技术已经成为现代制造业的重要组成部分。

虚拟生产过程是指通过计算机仿真技术对产品生产过程进行优化和规划设计的过程。在虚拟生产过程中，可以对人力资源、制造资源、物料库存、生产调度、生产系统等进行模拟和分析，以实现生产过程的合理制定和优化。同时，还可以对生产系统进行可靠性分析，以确保生产过程的稳定性和可靠性。此外，虚拟生产过程还可以对生产过程的资金和产品市场进行分析预测，从而对人力资源、制造资源进行合理配置，以缩短产品生产周期、降低成本，提高生产效率和产品质量。虚拟生产过程在现代制造业中具有重要的意义，可以帮助企业提高生产效率和竞争力，实现可持续发展。

第八讲　空间技术

空间技术的发展看似与普通大众的生活毫无关联，但实际上其应用已经开始渗透到现代社会生活的方方面面。空间技术是指利用人造卫星、火箭、航天器等载体，对地球、太阳系、宇宙等进行探测、观测、通信、导航、遥感等活动的技术。它是现代科技的重要组成部分，具有广泛的应用领域，如通信、气象、地质勘探、农业、环境监测、国防等。空间技术的核心是卫星技术，包括卫星的设计、制造、发射、控制等方面。卫星技术的发展使得人类可以更加深入地了解地球和宇宙，为人类社会的发展和进步提供重要的支撑。同时，空间技术也面临着许多挑战，如成本高、技术难度大、环境恶劣等问题，需要不断地进行技术创新和突破。

一、深空探测

深空探测技术的发展在意识层面揭示了人类与生俱来的探索精神，它是指脱离地球引力场，进入太阳系空间和宇宙空间的探测活动。深空探测的定义有两种，一种是国际电信联盟（ITU）在《无线电规则》第1.77款中关于深空的规定，另一种定义是对月球及更远的天体或空间开展的探测活动。深空探测的目的是更好地了解宇宙的奥秘，探索宇宙的起源和演化，寻找外星生命的存在，以及为人类未来的太空探索和开发提供基础数据。深空探测的历史可以追溯到20世纪50年代，当时苏联和美国开始了太空竞赛，相继发射了人造卫星和载人航天器。随着技术的不断进步，人类开始向更远的宇宙探索，先后发射了“旅行者”“先驱者”“卡西尼”等深空探测器，它们探索了太阳系的各个角落，为人类了解宇宙提供了重要的数据和信息。1988年10月，世界无线电管理大会（WARC）ORB－88会议确定将深空的边界修订为距离地球大于或等于200万千米的空间，这一规定从1990年3月16日起生效。国际空间数据系统咨询委员会（CCSDS）在其建议标准书中也将距离地球200万千米以远的航天活动定义为B类任务（即深空任务）。这一规定的制定，标志着深空探测进入了一个新的阶段，人类开始向更远的宇宙探索。

人类在自身的繁衍发展中，也一直在努力尝试了解宇宙的奥秘，致力于揭开隐秘世界的面纱，在20世纪初期，人类开始使用望远镜观测天空，这是深空探测技术的早期雏形之一。随着科技的不断进步，人类开始使用更加先进的望远镜和探测器，以便更加深入地了解宇宙。20世纪50年代，人类开始使用火箭将探测器送入太空，这标志着深空探测技术的重大进步。随着时间的推移，人类不断改进探测器的设计和技术，使其能够更加准确地探测宇宙中的各种现象。20世纪60年代，人类开始使用人造卫星进行深空探测。这些卫星可以搭载各种仪器，如望远镜、探测器和传感器，以便更加深入地了解宇宙。此外，人类还开始使用无人飞船进行深空探测，这些飞船可以搭载更多的仪器和设备，以便更加全面地探测宇宙。

现如今，人类开始使用更加先进的深空探测技术以更加准确地探测宇宙中的各种现象。其中，航空宇航推进技术是指用于推动航空器和宇宙飞船的技术，主要分为化学推进技术和非化学推进技术两大类。化学推进技术是指利用化学反应产生的高温高压气体推动航空器或宇宙飞船的技术，包括火箭发动机、涡喷发动机、涡轮喷气发动机等。非化学推进技术则是指利用其他能源推动航空器或宇宙飞船的技术，包括核推进技术、电推进技术、光推进技术等。火箭发动机是化学推进技术中最常用的推进技术之一，它利用化学反应产生的高温高压气体推动航空器或宇宙飞船。火箭发动机的工作原理是将燃料和氧化剂混合后点火，产生高温高压气体，通过喷嘴排出、产生反作用力推动航空器或宇宙飞船。火箭发动机具有推力大、速度快、适用范围广等优点，但也存在燃料消耗快、成本高等缺点。涡喷发动机是化学推进技术中另一种常用的推进技术，它利用燃料燃烧后产生的高温高压气体推动涡轮，进而推动飞机前进。涡喷发动机具有推力大、速度快、燃料消耗少等优点，但也存在噪音大、维护成本高等缺点。电推进技术是非化学推进技术中最常用的推进技术之一，它利用电能转化为动能推动航空器或宇宙飞船。电推进技术具有燃料消耗少、速度快、环保等优点，但也存在推力小、能量密度低等缺点。

导航制导与控制技术是指在航空、航天、海洋、地面等领域中，通过各种手段对运动物体进行精确的定位、导航、控制和指引的技术。它是现代科技的重要组成部分，广泛应用于飞行器、导弹、卫星、船舶、汽车、机器人等领域。导航制导与控制技术的核心是精确的定位和导航。在航空航天领域，常用的定位方式包括全球定位系统（GPS）、惯性导航系统（INS）和雷达测距等。GPS是一种基于卫星的定位系统，可以提供高精度的位置信息。INS则是一种基于惯性测量单元的定位系统，可以在没有GPS信号的情况下提供位置信息。雷达测距则是一种基于电磁波的定位方式，可以通过测量物体与雷达之间的距离来确定位置。在导航制导与控制技术中，控制是指对运动物体进行精确的控制和指引。航空航天领域中，常用的控制方式包括自动驾驶系统、姿态控制系统和推力控制系统等。自动驾驶系统可以自动控制飞行器的航向、高度和速度等参数。姿态控制系统可以控制飞行器的姿态，使其保持稳定飞行。推力控制系统则可以控制发动机的推力，以实现飞行器的加速和减速。

深空通信技术是指在太空探测任务中，通过无线电波进行数据传输和通信的技术。由于深空探测任务的特殊性，深空通信技术需要具备高速、高精度、高可靠性等特点，主要应用包括：行星探测、太阳观测、星际探测等。在这些任务中，深空通信技术需要面对多种复杂的环境和挑战，如大气层、电离层、星际尘埃、太阳辐射等。深空通信技术的核心是通信协议和通信设备。通信协议是指在深空探测任务中，探测器和地面控制中心之间进行数据传输和通信的规则和标准。通信设备包括天线、发射机、接收机、信号处理器等，其发展历程可以追溯到 20 世纪 60 年代，当时美国国家航空航天局的“水手”号探测器成功实现了与火星的通信。此后，深空通信技术得到了快速发展，先后实现了与金星、木星、土星等行星的通信。目前，深空通信技术已经成为太空探测任务中不可或缺的一部分。未来，随着太空探测任务的不断深入和扩展，深空通信技术也将不断发展和完善，为人类探索宇宙提供更加可靠和高效的通信手段。

二、新型运载火箭

新型运载火箭采用先进的设计理念和技术手段，实现火箭的高效、可靠、安全地运行。其中，关键技术包括新型发动机、新型材料、新型控制系统等。新型发动机采用先进的燃烧技术和材料，提高燃烧效率和推力，降低燃料消耗和排放，从而提高运载能力和降低成本。新型材料采用轻量化、高强度、高温耐受等特性，提高火箭的载荷能力和安全性。新型控制系统采用先进的自主导航、自适应控制等技术，提高火箭的精度和可靠性。总之，新型运载火箭技术的发展是以科技创新为驱动力，不断提高火箭的性能和可靠性，为人类探索宇宙提供更加可靠、高效、安全的运载手段。

目前新型运载火箭技术主要包括多级火箭技术、液体火箭发动机技术、固体火箭发动机技术、可重复使用火箭技术等。其中多级火箭技术是一种常用的航天技术，它可以将载荷送入太空。多级火箭由多个火箭级组成，每个级别都有自己的燃料和发动机。当第一级燃料用尽时，它就会分离并掉落回地球，而第二级则会继续推进载荷，直到它达到所需的轨道高度。多级火箭技术的优点在于它可以将载荷送入更高的轨道，并且能够在不同的阶段使用不同的燃料和发动机，以满足不同阶段对动力的需求。另外，这种技术还可以提高火箭的效率，因为每个级别都可以专门设计，以确保最大限度地提高推力和燃料效率。多级火箭技术的发展历史可以追溯到 20 世纪初期。最早的火箭只有一个级别，但随着技术的发展，人们开始尝试使用多级火箭来提高载荷能力。

液体火箭发动机是一种利用液体燃料和液氧作为燃料的火箭发动机。液体火箭发动机技术是现代航天技术中最重要的一项技术，它是实现人类太空探索的关键技术之一。液体火箭发动机的主要组成部分包括燃烧室、喷嘴、液体燃料和液氧供应系统等。液体火箭发动机的工作原理是将液体燃料和液氧混合后在燃烧室中燃烧，产生高温高压的气体，然后通过喷嘴将气体喷出从而产生推力，推动火箭飞行。液体火箭发动机技术的发展历程可以追溯到 20 世纪初期。在 20 世纪 50 年代，苏联成功地发射了第一颗人造卫星，标志着液体火箭发动机技术的成熟。此后，液体火箭发动机技术得到了快速发展，成为现代航天技术中最重要的技术之一。随着材料科学和制造技术的不断进步，液体火箭发动机在燃烧室和喷嘴的设计和制造技术方面得到了极大的提高，这使得液体火箭发动机的性能得到了显著提升。同时由于液体燃料和液氧供应系统的发展进步，液体火箭发动机的工作效率和可靠性也得到了更有效的保障。

固体火箭发动机是将固体燃料作为动力来源，它具备简单、可靠、易于制造和操作的特点，其使用的固体燃料通常是由燃料和氧化剂混合而成。这种燃料在点火后会产生大量的热能和气体，从而产生推力，推动火箭飞行。固体火箭发动机的结构相对简单，由燃料、氧化剂、点火系统、喷嘴和外壳等组成。其中，燃料和氧化剂通常是以颗粒状或块状的形式填充在发动机的燃烧室中，点火系统则用于点燃燃料和氧化剂，喷嘴则用于将产生的气体喷出从而产生推力，外壳则用于保护发动机。固体火箭发动机的特性使其具备诸多服务于航空领域的优点，如结构简单、可靠性高、制造和操作成本低，因此这种发动机适用于一些需要快速响应和高可靠性的任务，如导弹、卫星等。但是，固体火箭发动机的燃料不能控制，一旦点火就无法停止，因此不能进行推力调节和关机操作，也不能进行再次点火，这限制了其在某些任务中的应用。

可重复使用火箭技术是指一种能够多次使用的火箭发射系统，它可以在多次任务中使用同一枚火箭，从而降低了航天发射成本。可重复使用火箭技术是一项复杂而重要的技术，需要多个领域的专业知识和技术的支持，涉及火箭的设计、制造、回收和再利用等诸多方面。首先，可重复使用火箭的设计需要考虑到多次使用的要求，这意味着火箭需要具备足够的结构强度和耐久性，以承受多次发射和着陆的冲击和振动。同时，火箭的设计还需要考虑到重量和体积的限制，以确保其能够在发射时达到足够的速度和高度。回收火箭需要采用精确的控制和导航技术，以确保火箭能够准确着陆并避免损坏。同时，回收后的火箭需要进行检查和维修，以确保其能够再次使用。

另外，为了进一步提高新型运载火箭的制造精度和可靠性，新型运载火箭技术采用了一些新的工艺。其中，数字化设计是其中的重要一环。通过数字化设计技术，可以在计算机上进行火箭的设计和模拟，以提高制造精度和可靠性。这种技术的应用，不仅可以提高火箭的设计效率，还可以减少制造过程中的错误和缺陷。除了数字化设计，新型运载火箭技术还采用了一些先进的制造技术，如激光切割、3D打印等。激光切割技术可以实现高精度的切割，而3D打印技术则可以实现复杂形状的制造。

三、载人航天与空间站

载人航天技术是人类探索太空的重要领域之一，它不仅是科学技术领域一座高耸的孤峰，也是人类智慧和勇气的切实体现。随着科技的不断进步，人类对太空的探索也越来越深入。在20世纪初期，人们开始探索太空并试图将人类送入太空。经过多年的努力，终于在1961年成功将第一位宇航员尤里·加加林送入太空，尤里·加加林成为世界上第一个进入太空的人类，这也标志着人类进入了太空时代。1969年，美国宇航员阿姆斯特朗成功登上月球，成为人类历史上第一个登上月球的人。随着时间的推移，载人航天技术得到了不断的发展和完善。人类不仅成功地进行了多次载人航天任务，还建立了太空站和太空实验室，进行了大量的科学研究和实验。这些研究不仅有助于人类更深入地了解太空，还为人类未来的太空探索奠定了基础。然而，载人航天技术的发展也面临着许多挑战和困难，如太空环境的极端条件、航天器的安全性和可靠性、宇航员的健康等问题，都需要得到充分的考虑和解决。

载人航天技术的发展离不开各种技术的支持，其中最重要的技术包括火箭技术、航天器技术、生命保障技术等。火箭技术是载人航天技术的基础，它是将航天器送入太空的关键技术。火箭技术的发展经历了多年的努力和探索，现在已经成为一门成熟的技术。航天器技术则是指设计和制造各种类型的航天器，包括载人航天器、卫星、探测器等。 航天器技术的发展也是非常重要的，它可以让我们更好地了解宇宙、探索更多的未知领域。 生命保障技术则是指为宇航员提供必要的生命支持和保护，包括空气、水、食物、医疗设备等。 因为在太空中，宇航员需要面对各种极端环境，而生命保障技术的发展则可以让他们更加安全地完成任务

另外，在载人航天技术的发展过程中，人们不断面临着各种挑战和困难。 其中最大的挑战之一是太空环境的极端条件，如高辐射、低温、真空等。 这些极端条件对人体健康和生命安全都会造成极大的威胁，因此必须采取各种措施来保护宇航员。 例如，宇航服必须具备防辐射、保温、通风等功能，以确保宇航员在太空中的安全和健康。 并且航天器的设计和制造也是一个重要的问题。 航天器必须具备足够的强度和稳定性，以承受太空环境的各种挑战。 同时，航天器的重量和体积也必须控制在一定范围内，以确保它能够被发射到太空中。 因此，航天器的设计和制造需要综合考虑各种因素，包括材料、结构、动力等。 除了航天器的设计和制造，各种技术的协调和整合也是一个重要的问题。 在载人航天任务中，涉及的技术非常多，包括航天器的控制、通信、生命支持、医疗等。 这些技术必须得到有效的协调和整合，才能确保宇航员的安全和任务的顺利完成。

自 20 世纪 60 年代以来，人类已经在载人航天领域取得了许多重大的成就，包括人类首次登月、空间站的建设、太空探测等。 这些成就不仅推动了科学技术的发展，也为人类探索宇宙提供了重要的支持和保障。 未来，随着技术的不断进步，载人航天技术将会进行持续且深入的发展，届时人类将会具备探索更加深邃的星海的能力，并建立起更庞大更先进的空间站。 同时，随着人类对宇宙的认识不断深入，我们也将会更加全面地了解宇宙的奥秘，探索宇宙的未知领域。 然而，就目前载人

航天技术发展的现状而言，仍然面临着许多挑战。太空环境的极端条件、航天器的安全性、人类在太空中的生存问题等，都需要我们不断地进行研究和探索。同时，深空探索的伟大事业也需要巨大的投入和支持，这需要国际社会的合作和共同努力。

空间站技术是指在太空中建造和运营人类居住和工作的设施，它是人类探索太空和开展科学研究的重要基础设施之一。空间站的概念最早可以追溯到 20 世纪 50 年代初期，苏联科学家率先提出了这一理念，1969 年，苏联发射了世界上第一个空间站——“和平号”，这标志着空间站技术的正式诞生。随后，美国、欧洲、日本等国家也相继发射了自己的空间站，如美国的“天空实验室”“和平号”“自由号”“国际空间站”等。虽然空间站的建造和运营需要高超的技术和巨大的投入，但是其所带来的诸多益处也是极具诱惑力的。首先，空间站可以为科学研究提供一个独特的实验环境，让科学家们能够开展一些在地球上难以进行的实验。其次，空间站可以为太空探索提供一个重要的基地，帮助宇航员们完成太空任务和维修工作。此外，空间站还可以为国际合作提供一个平台，让不同国家的宇航员能够共同工作和生活，促进国际交流和合作。

空间站通常由多个模块组成，其中居住模块是空间站的核心部分，提供宇航员居住、休息和工作的空间。这个模块通常由多个房间组成，每个房间都有必要的设施，如床铺、厕所、淋浴、餐厅等，以满足宇航员的基本需求。此外，居住模块还配备了必要的通信和控制设备，以确保宇航员的安全和舒适。实验模块则用于开展科学实验和技术验证。这个模块通常包括实验室、仪器设备和实验材料等，以支持各种科学研究和技术开发。宇航员可以在这个模块中进行各种实验，如物理、化学、生物学试验等，以探索太空中的各种现象和问题。能源模块则提供空间站所需的电力和热量等。这个模块通常包括太阳能电池板、燃料电池、核反应堆等，以满足空间站的能源需求。此外，能源模块还配备了必要的控制和监测设备，以确保能源系统的安全和稳定运行。舱门和对接口则是空间站与外界交流的重要通道。舱门通常位于空间站的各个模块之间，以便宇航员在不同模块之间移动。对接口则用于与其他航天器或货运飞船对接，以进行补给和人员交换等任务。

空间站的运营需要大量的人力、物力和财力支持。宇航员如要进行较长时间的太空生活，就必须有足够的食物、水和氧气等生活必需品。此外，空间站还需要定期进行维护和修缮，以确保其正常运行。为了保证空间站的安全，还需要进行严格的飞行控制和地面支持。在空间站中，宇航员需要面对许多挑战，如长期的失重状态、高强度的辐射、孤独和压力等。因此，空间站必须提供足够的支持和保障，以确保宇航员的身心健康。此外，空间站还需要进行科学实验和技术研究，以推动人类探索太空的进程。为了满足空间站的需求，需要进行大量的物资运输和人员交替。这需要高效的运输系统和人员管理机制。同时，空间站还需要与地面控制中心保持良好的通信和协调，以确保空间站的安全和正常运行。

随着科技的不断进步，空间站技术也在不断发展。未来，空间站将朝向智能化和自动化的方向进一步发展，宇航员的生活和工作条件也将得到进一步改善。空间站的智能化将使得宇航员的工作更加高效，同时也能够更好地保障宇航员的安全。另外，空间站还将成为人类探索深空的重要基地，为人类登陆月球、火星等星球提供重要支持。可见，宇宙空间站作为人类探索宇宙的重要窗口，将会为人类的太空探索之路提供重要的支持和保障。

四、空间通信

空间通信技术是指利用卫星等空间设备进行通信的技术。它可以实现全球范围内的通信、导航、遥感等功能，具有广泛的应用前景。空间通信技术主要包括卫星通信、卫星导航和卫星遥感三个方面。其中，卫星通信是最为常见的应用，它可以实现电话、短信、互联网等多种通信方式。卫星导航则可以提供全球定位服务，广泛应用于交通、军事、航空等领域。卫星遥感则可以获取地球表面的各种信息，如气象、地质、环境等，对于资源调查、环境监测等方面有着重要的作用。随着技术的不断发展，空间通信技术将会越来越成熟，为人类的生产和生活带来更多的便利和发展机遇。

空间通信技术的核心是卫星通信技术。卫星通信是指利用人造卫星作为中继站，将地面或空中的信号转发到另一个地方的通信方式。卫星通信系统由地面站、卫星和用户终端三部分组成。地面站向卫星发送信号，卫星将信号转发到另一个地面站或用户终端。卫星通信可以实现远距离通信，具备覆盖范围广、传输速度快、传输质量高、抗干扰能力强等优点，因此被广泛应用于军事、民用、商业等领域。在军事领域中，卫星通信可以实现军事指挥、情报收集、导弹制导等功能。卫星通信的高速传输和抗干扰能力可以保证军事指挥的及时性和准确性，同时也可以保证情报的安全性和可靠性。导弹制导也需要高精度的通信技术，卫星通信可以满足这一需求。在民用领域中，卫星通信可以实现远程医疗、远程教育、远程会议等功能。在商业领域中，卫星通信可以实现卫星电视、卫星广播、卫星电话等功能。卫星通信的高速传输和广泛覆盖可以满足人们对于娱乐和通讯的需求。卫星电视和卫星广播可以实现全球范围内的信息传输，卫星电话可以实现全球范围内的通讯。然而现阶段卫星通信技术的发展也面临着一些挑战。首先是成本问题，卫星通信系统的建设和维护成本较高，需要大量的资金投入。其次是技术问题，卫星通信技术需要不断地进行技术创新和升级，以适应不断变化的市场需求。最后是政策问题，卫星通信技术的发展需要政府的支持和监管，需要建立健全的政策法规体系。

卫星导航技术是一种基于卫星的定位和导航技术，它通过卫星向用户终端发送导航信号，用户终端接收信号后计算自身位置，实现导航。卫星导航系统由卫星、地面控制站和用户终端组成，其中卫星是核心部分，它通过发射导航信号，实现对用户终端的定位和导航。 卫星导航技术的优点主要体现在定位精度高、覆盖范围广、可靠性强等方面。 首先，卫星导航技术可以实现高精度的定位，其定位精度可以达到数米甚至更高的水平，这对于需要高精度定位的应用场景非常重要。 其次，卫星导航技术的覆盖范围非常广，可以覆盖全球范围内的任何地方，这使得卫星导航技术成为全球性的导航系统。 最后，卫星导航技术的可靠性非常高，它可以在各种恶劣的天气条件下正常工作，这使得它成为航空、航海、汽车导航等领域的首选技术。 在航空领域，卫星导航技术可以实现飞机的自动导航和自动降落，大大提高了飞行的安全性和效率。在航海领域，卫星导航技术可以实现船只的自动导航和自动避障，从根本上提升了航行的安全性和效率。 在汽车导航领域，卫星导航技术可以实现车辆的自动导航和实时路况提示，保证了驾驶的安全性和效率。

卫星遥感技术是一种通过卫星获取地球表面信息的技术。 它利用卫星搭载的传感器对地球表面进行观测，获取地表特征、地形地貌、气象、海洋、环境等信息，为地球科学、资源环境、国土安全等领域提供重要的数据支持。 卫星遥感技术的基本原理是利用卫星搭载的传感器对地球表面反射、辐射和散射的电磁波进行接收和处理，从而获取地表信息。 卫星遥感技术主要包括光学遥感、微波遥感和红外遥感等多种技术手段。 光学遥感是利用卫星搭载的光学传感器对地球表面反射的可见光和红外辐射进行接收和处理，从而获取地表信息的技术。 通过光学遥感技术可以获取地表的颜色、形状、纹理等信息，常用于土地利用、植被覆盖、水资源、城市规划等领域。 微波遥感是利用卫星搭载的微波传感器对地球表面反射、散射和辐射的微波信号进行接收和处理，从而获取地表信息的技术。微波遥感技术可以穿透云层、雾霾等天气条件，常用于海洋、农业、气象、环境等领域。红外遥感是利用卫星搭载的红外传感器对地球表面反射、辐射和散射的红外辐射进行接收和处理，以获取地表信息的技术。红外遥感技术可以探测地表温度、火灾、矿产资源等信息，常用于资源勘探、环境监测等领域。卫星遥感技术具有广阔的应用前景，可以为国家的资源环境、国土安全、灾害预警等提供重要的数据支持。同时，卫星遥感技术也面临着数据处理、传输、存储等方面的挑战，需要不断地进行技术创新和发展。

随着人类对空间探索的不断深入，空间通信技术也将不断发展。未来，空间通信技术将更加智能化、高效化和安全化。首先，智能化方面，人工智能技术将被广泛应用于空间通信领域，实现自主决策、自主控制和自主维护。其次，高效化方面，新一代卫星通信系统将采用更高效的频谱利用技术和更快的数据传输速率，以满足人类对高速、高质量通信的需求。最后，安全化方面，空间通信系统将采用更加安全的加密技术和更加完善的安全管理机制，以保障通信的安全性和可靠性。总之，未来空间通信技术将不断创新，为人类探索宇宙和实现更高水平的通信服务提供更加强大的基础技术支持。

五、导航卫星系统

导航卫星系统是利用卫星在空间中构建星座来提供全球定位服务，这些卫星通常被放置在地球轨道上，以便能够覆盖整个地球表面。这些卫星之间相互通信，以提供高精度的定位和导航服务。通常情况下，这些卫星使用高精度的时钟和精确的轨道控制系统来确保它们能够准确地定位和跟踪地球上的移动物体。导航卫星系统的空间星座可以为各种应用提供服务，包括航空、航海、车辆导航和地图制作等。导航卫星系统的时空基准是指通过卫星测量和计算出的地球上某一点的精确位置和时间信息。

目前世界上最著名的导航卫星系统是美国的 GPS（全球定位系统），它于 1993 年正式运行，具有全球覆盖、连续工作（全天候）、高精度的特点。除了 GPS 之外，还有俄罗斯的 GLONASS、欧洲的伽利略卫星导航系统和中国的北斗卫星导航系统等。导航卫星系统的工作原理是通过卫星发射信号，用户终端设备接收这些信号并计算出自己的位置。卫星发射的信号包含了卫星的位置和时间信息，用户终端设备通过接收多颗卫星的信号并计算出自己与卫星的距离，从而确定自己的位置。导航卫星系统的应用涉及我们社会生活的方方面面，包括汽车导航、航空导航、船舶导航、军事作战等，已经成为人们生活中不可或缺的一部分。

导航卫星的发展历史可以追溯到 20 世纪 60 年代。当时，美国国防部开始研究一种新型的导航系统，以便在全球范围内提供精确的定位和导航服务。这个系统最初被称为“全球定位系统”（GPS），后来被广泛使用。在 20 世纪 70 年代，美国国防部开始部署 GPS 卫星，并在 1993 年正式运行。这个系统最初只能提供军事用途，但随着技术的发展，GPS 逐渐成为民用领域的重要工具。在 20 世纪 90 年代初期，欧洲开始研发自己的导航卫星系统“伽利略卫星导航系统”。这个系统的目标是提供与 GPS 类似的服务，但更加精确和可靠。伽利略卫星导航系统的第一颗卫星于 2005 年发射，目前已经有多颗卫星在轨道上运行。此外，俄罗斯也开发了自己的导航卫星系统“格洛纳斯”（GLONASS）。这个系统最初是为了满足军队的需求而开发的，但现在已经向公众开放，并且正在逐步扩展其全球覆盖范围。近年来，中国也开始研发自己的导航卫星系统，称为“北斗导航卫星系统”，其设计目标是提供适合中国的国情和需求的导航卫星服务。北斗系统的第一颗卫星于2000年发射，目前已经有多颗卫星在轨道上运行。

基于四星测量体制的卫星导航系统是一种高精度、高可靠性的导航系统，由空间段、地面段和用户段三个组成部分构成。卫星导航系统的空间段是整个系统的核心部分，它由若干颗卫星组成的星座构成，这些卫星分布在不同的轨道上，通过相互之间的协作，完成双频或多频导航测距信号以及电文信息的播发。地面段则是卫星导航系统的重要组成部分，它由主控站、注入站和监测站等若干地面站组成。主控站是地面段的核心，负责卫星的控制和管理，以及导航电文的生成和传输。注入站则负责将卫星送入预定轨道，而监测站则负责监测卫星的运行状态和信号质量。用户段是卫星导航系统的最终应用环节，它包括各类导航信号接收处理芯片、模块、天线等基础产品，以及终端产品、应用系统与应用服务等。用户可以通过这些产品和服务，实现精准的导航和定位，满足不同领域的需求。

现如今卫星导航系统已经成为社会生活和生产中不可或缺的一部分，而卫星导航系统的服务性能则是衡量其优劣的关键指标。服务精度、完好性、连续性和可用性等指标是评估卫星导航系统服务性能的重要技术指标，其主要涉及空间星座、时空基准、导航信号、导航增强和多功能融合等方面，这些技术指标的提升与用户需求的演化以及相关核心技术的创新突破之间有着紧密的联系。

导航卫星系统的信号增强是指通过一系列技术手段，提高卫星信号在地面接收端的接收质量和可靠性。其中包括增加卫星数量、提高卫星发射功率、改进接收天线和接收机等。此外，还可以采用差分定位、增强信号处理算法等技术手段，进一步提高信号的精度和稳定性。信号增强对于导航卫星系统的应用非常重要，可以提高定位精度和可靠性，满足不同领域的需求。导航卫星系统的多功能融合是指将不同类型的导航卫星系统（如GPS、GLONASS、北斗等）进行整合，以实现更加精准、可靠的定位和导航服务。这种融合可以提高导航系统的覆盖范围和精度，同时还可以增强系统的抗干扰能力和安全性。此外，多功能融合还可以将导航系统与其他传感器（如惯性导航系统、气象传感器等）进行集成，以实现更加全面、多样化的信息获取和处理。

六、空间对地观测

空间对地观测是一种利用卫星、飞船、航天飞机、低空飞机以及低空间飞行器等遥感平台，对地球上的地物进行探测的技术。通过接收反射回来的电磁波，利用可见光、红外光、微波等电磁波谱段对地球上的地物进行探测，并分析地物的特性。这种技术可以广泛应用于农业、林业、地质勘探、环境监测、城市规划、交通运输等领域。

空间对地观测技术是现代勘测科技的重要组成部分，它可以利用卫星等空间平台对地球表面进行观测和监测，获取地球表面的各种信息，为人类社会的发展和生存提供重要的支撑。空间对地观测技术主要包括遥感技术和导航定位技术两大类。

遥感技术是指利用卫星等遥感平台对地球表面进行高分辨率、高精度的观测和测量，获取地球表面的各种信息。遥感技术可以通过卫星对地球表面进行高精度的地形测量和地貌分析，为地质勘探提供重要的数据支持。同时，遥感技术还可以对农作物的生长情况进行监测和预测，为农业生产提供重要的决策支持。此外，遥感技术还可以用于城市规划、环境监测、资源调查、灾害预警等多个领域。

导航定位技术是指利用卫星等导航平台对地球表面进行定位和导航，为人类社会的交通、通信、导航等提供重要的支持。导航定位技术可以实现车辆、船舶、飞机等交通工具的精确定位和导航，提高交通运输的安全性和效率。 此外，导航定位技术还可以用于地震预警、气象预报、海洋监测等多个领域。

空间对地观测技术的应用范围非常广泛，可以为人类社会的发展和生存提供重要的支撑。 在地质勘探方面，遥感技术可以通过卫星对地球表面进行高精度的地形测量和地貌分析，为地质勘探提供重要的数据支持。 在农业生产方面，遥感技术可以对农作物的生长情况进行监测和预测，为农业生产提供重要的决策支持。 在城市规划方面，遥感技术可以对城市的建筑、道路、绿地等进行监测和分析，为城市规划提供重要的数据支持。 在环境监测方面，遥感技术可以对大气、水体、土地等进行监测和分析，为环境保护提供重要的数据支持。 在灾害预警方面，遥感技术可以对自然灾害的发生和演变进行监测和预测，为灾害预警和救援提供重要支持。

空间对地观测系统由承载平台、探测手段、处理和应用设备等组成。 按照承载平台的不同，可以将其分为天基、空基和临近空间三大类。 天基观测平台是指利用卫星等天体进行观测和探测的平台。 随着科技的不断发展，天基观测平台的应用越来越广泛，涉及天文学、地球科学、气象学、军事等多个领域。 天基观测平台的发展可以追溯到 20 世纪 60 年代，美国和苏联开始使用卫星进行地球观测。 随着技术的不断进步，天基观测平台的应用范围也不断扩大。 目前，天基观测平台已经成为现代科学研究和技术发展的重要手段之一。

空基观测平台是指通过在高空飞行的飞机、卫星等载体上搭载各种观测设备，实现对地球表面的高分辨率、高精度、高时空分辨率的观测和监测。 随着科技的不断进步，空基观测平台的发展和应用也越来越广泛。 空基观测平台的发展可以追溯到 20 世纪 50 年代，美国最早开始使用高空飞机进行地球物理探测。 随着技术的不断进步，空基观测平台的载体也不断更新，从最初的高空飞机，到后来的卫星、无人机等。 同时，各种观测设备也不断升级，包括光学、雷达、红外、微波等多种技术手段，使得空基观测平台的观测能力得到极大提升。

临近空间观测平台是指在地球轨道附近进行观测的卫星系统，其主要任务是对地球及其周围空间环境进行监测和研究。随着科技的不断发展，临近空间观测平台的发展也日益成熟，应用范围也越来越广泛。临近空间观测平台最早的应用是在军事领域，用于监测敌方卫星和导弹的发射情况。随着技术的进步，临近空间观测平台的应用范围逐渐扩大，包括气象预报、地质勘探、环境监测、通信导航等领域。其中，气象卫星是临近空间观测平台的主要应用之一，可以实时监测全球气象变化，为天气预报和气候研究提供重要数据。除了气象卫星，临近空间观测平台还可以用于地质勘探。通过卫星遥感技术，可以获取地球表面的高分辨率图像和地形数据，为矿产资源勘探和地质灾害预警提供支持。此外，临近空间观测平台还可以用于环境监测，如监测海洋污染、森林砍伐等环境问题。在通信导航领域，临近空间观测平台也发挥着重要作用。

第九讲　海洋技术

地球上海洋总面积约为3.6亿平方千米，约占地球表面积的71%，平均水深约3795米。海洋中含有十三亿五千多万立方千米的水，约占地球上总水量的97%。海洋技术是以海洋资源勘查和开发为核心的新兴技术，涉及的范围比较多，目前最为人们普遍关注的当属近海生态系统可持续发展、海水淡化与综合利用、深海生物资源利用、海洋立体综合观测等方面。

一、近海生态系统可持续发展

近海生态系统是指海洋与陆地之间的过渡区域，包括河口、海湾、海峡等地区。这些地区的生态系统对于维持海洋生态平衡和人类生存都具有重要意义。近海生态系统是洋—海—陆—气交互作用的特殊地带，具备界面过程复杂、自然资源丰富、生态环境脆弱、人类活动频繁的特点。近海生态系统占全球海洋7%的面积，提供了25%的海洋初级生产力、86%的海洋渔获量、50%的蓝色碳汇，是生产力集中的焦点区域，也是生物多样性及生态系统多样性的主要储库。同时，在社会经济的视角下，近海生态系统逐渐成为社会经济快速发展的引擎带，全球有半数以上人口生活在沿海60千米以内，超过1000万人口的大城市有70%位于近海生态系统河口附近。然而，随着沿海地区的发展步伐日益加快，近海生态危机也开始频繁涌现。这些危机包括海洋污染、海岸侵蚀、海洋生态系统退化等，这些问题已经成为一个发生频、规模大、影响广、修复慢的全球性问题，存在向不可逆转状态演进的趋势。这些问题不仅对海洋生态系统造成了严重的破坏，而且对人类的生存和发展也带来了巨大的威胁。

保护海洋生态环境是实现近海生态系统可持续发展的基础，也是人类赖以生存的重要资源。随着人类活动的不断增加，海洋生态环境面临着越来越大的压力和威胁。因此，采取一系列措施保护海洋生态环境显得尤为重要。近海生态系统可持续发展是指在保护海洋生态环境的前提下，实现海洋资源的合理利用和经济社会的可持续发展。实现近海生态系统可持续发展需要从多个方面入手，包括保护海洋生态环境、合理利用海洋资源、加强海洋环境监测和管理等。首先，减少污染是保护近海生态环境的关键。海洋环境监测和管理的加强，可以有效控制海洋污染源的排放，减少海洋污染的发生。此外，加强海洋垃圾处理也是减少海洋污染的重要措施。我们应该倡导垃圾分类，减少塑料制品的使用，避免将垃圾随意丢弃到海洋中。其次，保护海洋生物多样性也是保护海洋生态环境的重要方面。建立海洋自然保护区，保护珊瑚礁、海草床等重要生态系统，控制海洋捕捞等，都是保护海洋生物多样性的有效措施。我们应该加强对海洋生态系统的保护和管理，保护海洋中的各种生物，维护海洋生态平衡。最后，控制海洋捕捞也是保护海洋生态环境的重要措施。加强海洋渔业管理，控制过度捕捞，保护海洋生态系统，是保护海洋生态环境的必要手段。我们应该加强对海洋渔业的管理和监督，控制捕捞量，保护海洋中的各种生物资源。

合理利用海洋资源是实现近海生态系统可持续发展的重要手段。随着人口的增长和经济的发展，对海洋资源的需求也越来越大。但如果不加以合理利用，就会对海洋生态系统造成破坏，进而影响到人类的生存和发展。因此，我们需要采取一系列措施来保护海洋生态系统，实现海洋资源的可持续利用。首先，要加强海洋科学研究，探索海洋资源的分布和利用方式，为海洋资源的合理利用提供科学依据。海洋科学研究可以帮助我们更好地了解海洋生态系统的运行规律，探索海洋资源的分布和利用方式，为海洋资源的合理利用提供科学依据。同时，海洋科学研究还可以帮助我们更好地了解海洋环境的变化，及时采取措施保护海洋生态系统。其次，要加强海洋渔业管理，建立健全渔业管理制度，控制过度捕捞，保护海洋生态系统。过度捕捞会导致海洋生态系统的破坏，影响到海洋生物的繁殖和生长，进而影响到整个生态系统的平衡。因此，我们需要建立健全渔业管理制度，控制渔业的规模和捕捞量，保护海洋生态系统，实现渔业的可持续发展。最后，要发展海洋经济，促进海洋经济的可持续发展。海洋经济是指利用海洋资源开展的各种经济活动，包括海洋旅游、海洋能源等产业。发展海洋经济可以促进海洋资源的合理利用，提高海洋经济的效益，同时也可以促进当地经济的发展。但是，值得注意的是，海洋经济的发展必须是可持续的，不能以牺牲海洋生态系统为代价。

为了实现近海生态系统的可持续发展，加强海洋环境监测和管理是至关重要的环节。海洋环境监测网络的建立是其中的重要措施之一。建立海洋环境监测网络可以实时监测海洋环境变化，及时发现和处理海洋环境问题。这样可以有效地保护海洋生态系统，维护海洋生态平衡。通过建立健全海洋环境管理制度可以加强海洋环境监管，对违法行为进行严厉打击，这样可以有效地维护海洋环境的稳定和健康。除此之外，还需要加强海洋环境科学研究，提高海洋环境监测和管理的科学性和精准性。同时，还需要加强海洋环境教育和宣传，增强公众对海洋环境保护的意识和重视程度。总之，加强海洋环境监测和管理是实现近海生态系统可持续发展的重要保障。只有通过建立海洋环境监测网络、加强海洋环境管理、加强海洋环境科学研究和加强海洋环境教育和宣传等一系列措施，才能有效地保护海洋生态系统，维护海洋生态平衡，实现海洋资源的可持续利用。

二、海水淡化与综合利用

海水淡化与综合利用技术是指将海水中的盐分和杂质去除，使其变成可以直接使用的淡水，并对海水中的其他成分进行综合利用。这项技术对于水资源稀缺的地区来说尤为重要，利用这项技术可以解决当地的饮水问题，同时也可以为当地的农业、工业等提供水资源。

目前，已经投入应用的海水淡化技术种类相当繁多，包括蒸馏法、反渗透法、离子交换法、太阳能海水淡化法等。蒸馏法的原理是将海水加热至沸点，蒸发出水蒸气，再将水蒸气冷却凝结成淡水，这种方法的优点是处理后的水质纯净，但能耗较高、成本较高；反渗透法的原理是利用半透膜将海水中的盐分和杂质过滤掉，使海水变成淡水，这种方法的优点是能耗较低、成本较低，缺点是需要定期更换半透膜，且水质不够纯净；离子交换法的原理是利用离子交换树脂将海水中的盐分和杂质去除，使海水变成淡水，这种方法的优点是处理后的水质较好，但需要定期更换树脂；太阳能海水淡化法的原理是利用太阳能将海水加热至沸点，使其产生水蒸气，再将水蒸气冷却凝结成淡水，这种方法的优点是能耗极低、成本较低，但需要充足的太阳能供应。在实际应用中，不同的海水淡化方法有其各自的适用场景。蒸馏法适用于需要高纯度淡水的场合，如制药、电子等行业；反渗透法适用于需要大量淡水的场合，如城市供水、农业灌溉等；离子交换法适用于需要高品质淡水的场合，如饮用水、工业用水等；太阳能海水淡化法适用于阳光充足的地区，如热带地区、沙漠地区等。

海水是地球上最丰富的资源之一，但由于其高盐度和其他污染物的存在，导致其利用受到了很大的限制。然而，随着科技的不断发展，人们已经开始探索海水的综合利用技术，以满足人类对水资源的需求。其中海水养殖技术是一种利用海水中的营养物质和生物资源进行养殖的技术。随着人口的增长和对食品需求的不断增加，海水养殖技术已经成为满足人们需求的重要手段之一。目前，主要的海水养殖技术包括海水鱼类养殖、贝类养殖、海藻养殖等。海水鱼类养殖方式可以提供丰富的食品资源，如鲈鱼、鲷鱼、鲳鱼等。同时，海水鱼类养殖还可以创造就业机会和促进经济发展。在海水鱼类养殖中，需要注意水质的控制和饲料的选择，以保证鱼类的健康和生长。贝类养殖可以提供丰富的食品资源，如扇贝、蛤蜊、牡蛎等。同时，贝类养殖还可以改善海洋环境，促进海洋生态系统的平衡。在贝类养殖中，需要注意水质的控制和饲料的选择，以保证贝类的健康和生长。海藻养殖可以提供丰富的食品资源，如紫菜、海带、裙带菜等。同时，海藻养殖还可以改善海洋环境，促进海洋生态系统的平衡。在海藻养殖中，需要注意水质的控制和光照的调节，以保证海藻的健康和生长。

海水能利用技术则是将海水中的能量资源转化为可用的能源的一种技术。海水能利用技术的发展，可以为人类提供清洁、可再生的能源，同时也可以减少对传统能源的依赖，从而减少对环境的污染和对自然资源的消耗。目前，海水能利用技术主要包括海水温差发电、海水潮汐发电、海水波浪发电等。其中，海水温差发电是利用海水中的温差来产生电能的一种技术。这种技术利用了海水中的温度差异，通过热机循环的方式将热能转化为机械能，再将机械能转化为电能。海水潮汐发电则是利用海水潮汐的涨落来产生电能的一种技术。这种技术利用了海水潮汐的能量，通过潮汐发电机将潮汐能转化为电能。海水波浪发电则是利用海水波浪的能量来产生电能的一种技术。这种技术利用了海水波浪的能量，通过波浪发电机将波浪能转化为电能。 海水能利用技术的发展，可以为人类提供清洁、可再生的能源，同时也可以减少对传统能源的依赖，从而减少对环境的污染和对自然资源的消耗。 随着技术的不断发展，海水能利用技术的应用范围也将不断扩大，为人类的可持续发展作出更大的贡献。

在海水的综合利用技术当中，海水矿产资源的开发极具前瞻性和发展潜力，海洋本身就是一座十分富余的矿藏，通过有效地利用海水中的矿物质资源，能为人类提供重要的工业原料。 随着人类对资源的需求不断增加，海水矿产资源开发技术的重要性也越来越凸显。 海水中含有丰富的矿物质资源，如钾、镁、锂等。 这些矿物质资源在海水中的含量虽然很低，但是由于海水的总量非常大，因此可以通过一定的技术手段进行开采和提取。 目前，主要的海水矿产资源开发技术包括海水钾盐开采、海水镁盐开采、海水锂盐开采等。 钾盐广泛应用于化肥、玻璃、陶瓷等行业。 镁盐广泛应用于冶金、化工、轻工等行业，锂盐广泛应用于电池、玻璃、陶瓷等行业。 海水矿产资源开发技术的发展，不仅对于人类的经济发展和社会进步具有重要的意义，而且也促进了海洋经济的不断向前发展，推动海洋产业的壮大。

三、深海生物资源利用

深海是地球上最神秘的地方之一，它覆盖了地球表面的大部分。 深海生物是深海生态系统的重要组成部分，因其多样性和特殊性使之成为生物学和生物技术领域的研究热点。 深海生物的生存环境极其恶劣，但它们却能够凭借其特殊的结构和功能适应这种环境，这使得深海成为创新药物和功能性保健食品的原料宝库。 深海生物的生存环境是高盐、高压、低温、寡营养、无（寡）氧和无光照的，这些条件对深海生物的生长和代谢产生很大的影响。深海生物的生理结构和功能也因此发生很大的变化，它们的身体结构更加复杂，生理功能更加特殊。深海生物的多样性和特殊性使其在生长和代谢过程中，产生出各种具有特殊生理功能的活性物质，并且某些特异的化学结构类型是陆地生物体内缺乏或罕见的。深海生物的研究已经成为生物学和生物技术领域的研究热点。深海生物的多样性和特殊性使其成为创新药物和功能性保健食品的原料宝库。深海生物中的活性物质具有很强的生物活性和药理活性，可以用于治疗多种疾病，如癌症、心血管疾病、神经系统疾病等。深海生物的研究还可以为生物技术领域提供新的思路和方法，为人类的健康和生活带来更多的福祉。

由于深海环境的特殊性，深海生物资源具有很高的科研价值和经济价值。深海生物资源的开发是一个具有挑战性和前景诱人的领域。深海渔业是深海生物资源开发的重要方面之一。深海渔业的开发需要克服深海环境的诸多困难，如高压、低温、强流等。深海渔业的渔具和技术也需要不断创新和改进。目前，深海渔业已经成为一项重要的经济活动，为国家经济发展作出不凡贡献。深海养殖是深海生物资源开发的另一个重要方面。深海养殖的目标是开发深海贝类和海藻资源。深海养殖需要使用特殊的养殖设备和技术，如深海养殖网、深海养殖箱等。深海养殖的优势在于可以避免海洋污染和海岸线资源的竞争，同时也可以提高养殖品质和产量。深海采集是深海生物资源开发的又一个重要方面。深海采集的目标是开发深海海藻和海洋微生物资源。深海采集需要使用特殊的采集设备和技术，如深海采集器、深海采样器等。深海采集的优势在于可以获取到海洋中更为丰富和多样的生物资源，为生物科学研究提供重要的材料。总之，深海生物资源的开发不仅为国家经济发展作出重要贡献，还可以为人类的生活和健康提供重要的支持。尤其是深海生物资源中含有很多珍贵的生物活性物质，如抗癌物质、抗菌物质等，具有很高的药用价值。

深海生物资源的利用主要包括食品、医药、化妆品等领域。深海生物资源在食品领域的应用主要包括深海鱼类、贝类和海藻等。深海鱼类具有高蛋白、低脂肪、高营养的特点，可以制作成各种美食。深海贝类具有丰富的蛋白质和微量元素，可以制作成各种海鲜。深海海藻具有丰富的膳食纤维和矿物质，可以制作成各种健康食品。深海生物资源在医药领域的应用主要包括深海海洋微生物和深海海藻等。深海海洋微生物具有丰富的生物活性物质，可以用于制作抗生素、抗肿瘤药物等。深海海藻具有丰富的多糖和生物活性物质，可以用于制作降血脂、降血糖、抗肿瘤等药物。深海生物资源在化妆品领域的应用主要包括深海海藻和深海海洋微生物等。深海海藻具有丰富的多糖和生物活性物质，可以用于制作保湿、抗氧化、美白等化妆品。深海海洋微生物具有丰富的生物活性物质，可用于制作抗菌、抗炎、抗氧化等化妆品。

综上所述，对深海资源的开发和利用能够产生诸多可观价值，能够极大地促进经济社会的正向发展。但是，现阶段对深海生物资源的开发和利用也存在一些问题。例如，深海生物资源开发和利用可能会对深海生态环境造成破坏，影响深海生物的生存和繁殖，同时也可能会对人类健康造成潜在的风险。因此，未来深海生物资源的开发和利用将更加注重环保和可持续发展。在开发和利用深海生物资源的过程中，需要采取一系列措施来保护深海生态环境。同时，还需要加强科学研究，探索深海生物资源的潜在价值和开发利用方式，以更好地满足人类的需求。除此之外，深海生物资源的开发和利用也需要加强国际合作和交流。

四、海洋立体综合观测

海洋立体综合观测技术是一种综合利用多种观测手段和技术手段，对海洋进行全方位、多层次、多参数的观测和监测的技术。它是海洋科学研究和海洋资源开发利用的重要手段，也是保障海洋环境安全和国家海洋战略的重要保障。

海洋立体综合观测技术主要包括海洋观测平台技术、海洋观测设备技术、海洋观测传感器技术、海洋观测数据处理与分析技术。海洋观测平台是一种用于长期、连续的海洋观测和监测的设备，包括海洋浮标、海洋浮船、海洋浮筒、海洋浮标等。这些设备可以在海洋中进行多种类型的观测，如海洋温度、盐度、流速、波浪、海洋生物、海洋化学等。这些数据对于海洋科学研究、海洋资源开发、海洋环境保护等方面都具有重要的意义。

海洋观测设备是指用于对海洋环境进行监测和研究的各种设备。其中包括声学设备、光学设备、电子设备等，可以对海洋中的声、光、电等信号进行采集和处理。这些设备可以帮助科学家们更好地了解海洋的物理、化学、生物等方面的特征和变化，为海洋资源的开发和保护提供重要的科学依据。声学设备主要包括声呐、水声通信设备等。声呐是一种利用声波进行探测和测量的设备，可用于探测海底地形、水下物体、海洋生物等。水声通信设备则是利用水声进行通信的设备，可用于海洋科学研究、海洋资源勘探、海洋环境监测等方面。光学设备主要包括潜水器、遥感卫星等。潜水器可以搭载各种传感器和设备，进行海洋科学研究、海洋资源勘探、海洋环境监测等方面的工作。遥感卫星则可以通过对海洋表面反射的光线进行监测，获取海洋表面温度、色素浓度、海洋生物分布等信息。电子设备主要包括浮标、浮式平台等。浮标可以搭载各种传感器和设备，进行海洋科学研究、海洋资源勘探、海洋环境监测等方面的工作。浮式平台则可以用于海洋环境监测、海洋气象预报等方面的工作。

海洋观测传感器是一种用于监测海洋中各种物理、化学参数的设备。它包括温度传感器、盐度传感器、压力传感器、流速传感器等多种传感器，可以实时监测和记录海洋中的温度、盐度、压力、流速等参数。这些数据对于海洋科学研究、海洋资源开发、海洋环境保护等方面都具有重要意义。海洋观测传感器可以被安装在浮标、船只、潜水器等设备上，通过无线传输或存储介质将数据传输到地面站或数据中心。通过对这些数据的分析和处理，可以更好地了解海洋的变化和演化规律，为保护海洋生态环境、开发海洋资源、预测海洋灾害等提供科学依据。

海洋观测数据处理与分析是指对海洋观测数据进行采集、传输、存储、处理和分析，以提取有用信息的一系列工作。随着科技的不断发展，海洋观测数据的获取和处理技术也在不断提高，为海洋资源的开发和保护提供重要的支持。数据采集是海洋观测数据处理与分析的第一步，包括传统的船载观测、浮标观测、潜标观测等方式，以及现代化的卫星遥感、无人机观测等方式。数据传输则是将采集到的数据传输到数据中心或处理中心，以便进行后续的处理和分析。数据存储则是将传输过来的数据进行存储，以便后续的查询和使用。数据处理和数据分析是海洋观测数据处理与分析的核心环节，通过对数据进行处理和分析，可以提取出有用的信息，如海洋温度、盐度、流速、海洋生态等方面的数据。这些数据可以为海洋资源的开发和保护提供重要的支持，如渔业资源的管理、海洋环境的监测等。

第十讲　激光技术

激光技术，就是采用激光的手段对特定目标进行加工或者检测的技术。激光是20世纪60年代的新光源，其最初的理论基础起源于物理学家爱因斯坦。1917年爱因斯坦提出了一套全新的技术理论“光与物质相互作用”，这一理论是说在组成物质的原子中，有不同数量的粒子（电子）分布在不同的能级上，在高能级上的粒子受到某种光子的激发，会从高能级跳跃到低能级上，这时将会辐射出与激发它的光相同性质的光，而且在某种状态下，能出现一个弱光激发出一个强光的现象，这就叫“受激辐射的光放大”，简称激光。激光具有方向性好、亮度高、单色性好等特点。激光技术广泛应用于制造业、医疗、通信、军事等领域，如激光切割、激光打标、激光治疗、激光雷达等。激光技术的发展也推动了科学技术的进步，如激光光谱学、激光干涉测量、激光原子物理等。激光技术的应用前景广阔，将在未来的科技发展中发挥越来越重要的作用。

一、“追光”成为全球科技发展的潮流

激光产生的原理是基于受激辐射的原理。当原子或分子处于激发态时，它们会发射出光子，这些光子会与其他激发态的激光介质相互作用，引起更多的受激辐射，从而形成一个光子的“雪崩效应”，最终产生

一束高度相干的激光。激光的产生需要满足三个条件：激光介质必须具有受激辐射的能力，激光介质必须处于激发态，激光介质必须被放置在一个光学谐振腔中，以增强受激辐射的效应。

激光技术的发展历程可以追溯到 20 世纪 50 年代，美国的贝尔实验室和哥伦比亚大学的研究人员分别独立发明了激光器。激光器是一种能够产生高度聚焦的光束的装置，它的发明引起了科学界的广泛关注。在接下来的几十年里，激光技术得到了快速发展。1960 年，美国物理学家西奥多·梅曼发明了第一台实用的激光器，这标志着激光技术进入了实用化阶段。此后，激光技术在医疗、通信、制造等领域得到了广泛应用。

激光技术在信息领域的应用较为常见。半导体激光器发出的激光不仅单色性和相干性好，而且相比于微波频率，激光的光波频率高万倍，因此激光成为传递信息的理想载体。光纤通信利用光纤作为信息传递线路，具有通信质量好、抗干扰能力强、保密性好等优点，而且通信容量比微波通信要提高上万倍。在实际应用当中激光可以用于光纤通信，这是一种高速、高带宽的通信方式，可以传输大量的数据。另外，激光还可以用于光盘、DVD 等光存储介质，这些介质可以存储大量的数字信息。激光的单色性和高亮度使得全息图像具有高分辨率和高清晰度，可以用于制作逼真的三维图像和全息照相。此外，激光还可以用于全息显微镜、全息光学存储、全息光学通信等领域。在全息显微镜中，激光可以提供高亮度和单色性的光源，使得显微镜具有更高的分辨率和清晰度。在全息光学存储中，激光可以用于记录和读取全息图像，实现高密度的数据存储。在全息光学通信中，激光可以用于传输全息图像，实现高速、高带宽的通信。因此，激光在全息技术领域的应用具有广泛的前景和潜力。同时，激光可以用于手术、治疗和诊断等方面。在手术中，激光可以用来切割、焊接和缝合组织，具有高精度和低创伤的优点。在治疗方面，激光可以用来治疗皮肤病、眼病、癌症等疾病。

光学技术的研发以及光子产业的发展在现在和未来都是极具战略性和先导性的重点科研方向。随着集成电路产业的发展逐渐趋于成熟，电子技术被光子技术取代已经成为必然趋势。近些年来，“追光”已然成为全球科技发展的潮流，如美国和欧盟相继推行了相关计划和法案，从政策上大力支持和指引光子技术的发展，为其提供良好的生长环境。面对时代变幻的大潮，我国在光学技术领域也不甘落后，将光子技术列为“十四五”国家重点研发专项，并投入大量财力、物力、人力，不断提升我国在光学领域的自主研发能力。

二、激光技术是我国重要的战略支撑技术

20世纪以来继核能、电脑、半导体之后，人类的又一重大发明“激光”，被称为“最快的刀”“最准的尺”“最亮的光”。作为一种新光源，激光以其方向性好、亮度高、单色性好等特点在各领域都得到了广泛的应用。现如今，激光技术在工业生产、通讯、军事、医疗等领域都得到了广泛的应用。可以肯定，在悄然来临的人工智能时代中，激光更是一种不可获缺的工具。

得益于激光高亮度、高方向性、高单色性和高相干性的四大特质，激光技术在生产加工的过程中能够高效、精准地进行对空间和时间的控制，进而为整个生产加工的操作提供极高的自由度，这也使得激光技术十分契合自动化精密加工。与此同时，激光技术与计算机技术的有机结合，形成了现代化的智能加工体系，极大地提升了激光技术的可操作性，这项技术也已经成为众多工业领域的关键技术之一。

目前，在欧美主要发达国家中，激光技术已经广泛应用于大型制造产业中，如汽车、航空、造船、电子等行业，并取得了显著的成果。这

些国家已经基本完成了用激光加工工艺对传统工艺的更新换代，进入了“光时代”。相比之下，我国的激光产业市场起步较晚，基础研究也不够充足，但是随着我国工业现代化速度的加快，激光技术在短时间内得到了广阔的发展空间。激光作为先进制造技术，不仅提升了我国传统产业的发展水平，同时也借助传统产业的优势，取得了相得益彰的效果，使得激光技术得到了迅猛的发展。

在中国科技创新转型的产业背景之下，传统的工业和制造业正处于向深和精转型的过程当中，其主要表现形式之一就是在提升效率和质量的同时，提升整个生产加工环节的附加值以及科技水准，进而逐渐转向高端精密加工。近年来，我国激光技术和相关产业的发展已经位列国际前沿阵地，在高端技术研发、精密元器件生产等方面具备自主可控发展的条件，并且我国是目前世界上唯一一个能够制造实用化深紫外全固态激光器的国家。

之所以将激光技术称之为我国重要的战略支撑技术，是从我国当前发展的实际国情进行分析得出的结论。近年来我国光学产业在全球的占比一直不断提升。根据2019年中国光学工程学会发布的数据，我国光学产业总产值已经超过了1000亿元人民币，占全球光学产业总产值的比重已经达到了20%以上。这一数据表明，我国光学产业已经成为全球光学产业的重要组成部分。在全球光学产业中，我国的光学镜头、光学仪器等细分领域的市场份额也在不断扩大。例如，我国的光学镜头市场份额已经超过了全球的30%，成为全球最大的光学镜头生产国之一。同时，我国的光学仪器市场份额也在不断扩大，已经成为全球光学仪器市场的重要参与者。当然，我国光学产业的快速发展得益于多方面的因素。首先，我国政府一直致力于推动光学产业的发展，通过政策支持和资金投入等方式，促进了光学产业的技术创新和市场拓展。其次，我国的科技人才储备丰富，拥有大量的光学专业人才和研究机构，为光学产业的发展提供了强有力的支持。此外，我国的制造业水平也在不断提高，为光学产品的生产提供了优质的制造基础。

在智能化背景下，激光技术在我国已呈不断增长和创新趋势。其中，制造业是激光技术的主要应用领域之一，激光加工技术已经成为制造业的重要组成部分。在智能制造的背景下，激光技术将更加智能化，实现自动化、智能化生产，提高生产效率和质量。在医疗领域，激光技术已经成为一种重要的治疗手段，如激光手术、激光治疗等。随着人们对健康的重视和医疗技术的不断发展，激光技术在医疗领域的应用前景非常广阔。在通信领域，激光通信技术已经成为一种重要的通信手段，具有高速、高带宽、低延迟等优点。随着5G技术的发展，激光通信技术将会得到更广泛的应用。在安全领域，激光技术也有着广泛的应用，如激光雷达、激光防护等。

目前，我国已经拥有大量的激光设备集成商，同时也是激光应用的最主要市场之一。经过多年的发展，国产激光设备已经成功占据了大部分市场份额，成为激光加工应用普及的重要推动力。随着“中国制造2025”规划的实施，激光技术以其无可比拟的优势，成为推动我国制造业转型升级的重要工具。

可以预见，在未来的发展中，激光技术将继续发挥重要作用，推动制造业的转型升级。同时，激光产业也将面临更多的挑战，如技术创新、市场竞争、人才培养等。因此，我国激光产业应该加强合作，共同推动激光技术的发展，提高激光制造的核心竞争力，为我国制造业的高质量发展作出更大的贡献。

三、光子产业将是未来整个信息产业的基石

光子产业是指以光子学为基础，利用光子技术进行研发、生产和应

用的产业。光子技术是一种基于光子的电子学，它利用光子的特性来传输、处理和存储信息。而由光子技术催生而出的光子产业则是一个新兴的产业，其涉及领域众多，包括通信、能源、医疗、材料等，特别是在信息产业当中有着极为广泛的应用，光子技术可以用于光通信、光存储、光计算、光显示等领域，具有高速、高带宽、低能耗等优点。

光通信技术是一种基于光子学原理的通信技术，它利用光的高速传输和大带宽特性，实现了高速、远距离、大容量的数据传输。在信息时代，数据传输的速度和容量已经成为一个国家信息化建设的重要指标，而光通信技术的出现，为信息高速公路的建设提供了重要的技术支持。光通信技术的优势在于其传输速度快、容量大、抗干扰能力强等特点。相比传统的电信技术，光通信技术的传输速度可以达到光速的99.9%，而且可以同时传输多个波长的光信号，从而实现了大容量的数据传输。此外，光通信技术还具有抗干扰能力强的特点，可以在复杂的电磁环境下稳定地传输数据。在实际应用中，光通信技术已经被广泛应用于各个领域，如互联网、电信、广播电视、军事等。在互联网领域，光纤通信已经成为主流的传输方式，大大提高了网络的传输速度和容量。

光存储技术是一种新兴的数据存储技术，它利用光子技术实现高密度、高速、长寿命的数据存储。相比传统的磁盘存储和固态硬盘存储，光存储技术具有更高的存储密度和更快的读写速度，同时也更加耐久，可以实现长期的数据保存。光存储技术的核心是利用激光将数据写入到光存储介质中。光存储介质通常是一种具有特殊结构的材料，它可以在激光的作用下发生物理或化学变化，从而实现数据的写入和读取。光存储介质的结构和材料的选择对光存储技术的性能有着重要的影响。光存储技术的优势在于其高密度和高速的数据存储能力。由于光存储介质可以实现非常小的数据单元，因此可以实现非常高的存储密度。同时，光存储技术的读写速度也非常快，可以实现每秒数百兆字节的数据传输速度，这使得光存储技术在大数据存储和高速数据传输方面具有很大的优势。另外，光存储技术还具有长寿命的特点。由于光存储介质的物理和化学性质比较稳定，因此可以实现长期的数据保存。这使得光存储技术在数据归档和长期数据保存方面具有很大的应用潜力。

光显示技术是一种新兴的显示技术，它可以实现高清晰度、高亮度、低能耗的显示效果，因此备受人们的青睐。光显示技术的优势在于其采用了全新的显示原理，即利用光的自发辐射来实现显示效果，而不是传统的电子束扫描方式。这种新的显示原理使得光显示技术具有更高的亮度和更低的能耗，同时还可以实现更高的分辨率和更广的色域。目前，光显示技术已经在智能手机、电视等领域得到了广泛应用。未来，光显示技术还将在可穿戴设备、智能家居等领域发挥重要作用。在可穿戴设备领域，光显示技术可以实现更轻薄的设计和更长的续航时间，从而提升可穿戴设备的舒适度和便携性。此外，光显示技术还可以应用于虚拟现实、增强现实等领域，为用户带来更加逼真的视觉体验。

光计算技术是一种新兴的计算技术，它利用光子代替传统的电子进行计算，具有高速度、低能耗等优点，可以满足人们对于高效、低能耗的计算需求。目前，光计算技术还处于研究阶段，但是已经展现出了巨大的潜力，未来有望成为下一代计算技术的主流。光计算技术的优点主要体现在两个方面：速度和低能耗。相比传统的电子计算，光计算技术的速度更快，因为光子的传输速度比电子快得多。同时，光计算技术的能耗也更低，因为光子的传输不会产生热量，而电子传输则会产生大量的热量，导致能耗较高。光计算技术的应用领域非常广泛，包括人工智能、量子计算、通信等。虽然目前光计算技术还处于研究阶段，但是已经有不少研究机构和企业在预估到其巨大的潜在价值后，开始投入大量的研发资金，这将有助于光计算技术迅速取得突破性进展。

附　录

“十四五”规划和2035年远景目标纲要
（科技创新部分节选）

《中华人民共和国国民经济和社会发展第十四个五年规划和2035年远景目标纲要》全文正式发布。全文提出，加强原创性引领性科技攻关。在事关国家安全和发展全局的基础核心领域，制定实施战略性科学计划和科学工程。瞄准人工智能、量子信息、集成电路、生命健康、脑科学、生物育种、空天科技、深地深海等前沿领域，实施一批具有前瞻性、战略性的国家重大科技项目。从国家急迫需要和长远需求出发，集中优势资源攻关新发突发传染病和生物安全风险防控、医药和医疗设备、关键元器件零部件和基础材料、油气勘探开发等领域关键核心技术。

其中主体内容涉及科技创新部分表述如下：

第四章　强化国家战略科技力量

制定科技强国行动纲要，健全社会主义市场经济条件下新型举国体制，打好关键核心技术攻坚战，提高创新链整体效能。

第一节　整合优化科技资源配置

以国家战略性需求为导向推进创新体系优化组合，加快构建以国家实验室为引领的战略科技力量。聚焦量子信息、光子与微纳电子、网络通信、人工智能、生物医药、现代能源系统等重大创新领域组建一批国家实验室，重组国家重点实验室，形成结构合理、运行高效的实验室体系。优化提升国家工程研究中心、国家技术创新中心等创新基地。推进科研院所、高等院校和企业科研力量优化配置和资源共享。支持发展新型研究型大学、新型研发机构等新型创新主体，推动投入主体多元化、管理制度现代化、运行机制市场化、用人机制灵活化。

第二节 加强原创性引领性科技攻关

在事关国家安全和发展全局的基础核心领域，制定实施战略性科学计划和科学工程。瞄准人工智能、量子信息、集成电路、生命健康、脑科学、生物育种、空天科技、深地深海等前沿领域，实施一批具有前瞻性、战略性的国家重大科技项目。从国家急迫需要和长远需求出发，集中优势资源攻关新发突发传染病和生物安全风险防控、医药和医疗设备、关键元器件零部件和基础材料、油气勘探开发等领域关键核心技术。

第三节 持之以恒加强基础研究

强化应用研究带动，鼓励自由探索，制定实施基础研究十年行动方案，重点布局一批基础学科研究中心。加大基础研究财政投入力度、优化支出结构，对企业投入基础研究实行税收优惠，鼓励社会以捐赠和建立基金等方式多渠道投入，形成持续稳定投入机制，基础研究经费投入占研发经费投入比重提高到8%以上。建立健全符合科学规律的评价体系和激励机制，对基础研究探索实行长周期评价，创造有利于基础研究的良好科研生态。

第四节 建设重大科技创新平台

支持北京、上海、粤港澳大湾区形成国际科技创新中心，建设北京怀柔、上海张江、大湾区、安徽合肥综合性国家科学中心，支持有条件的地方建设区域科技创新中心。强化国家自主创新示范区、高新技术产业开发区、经济技术开发区等创新功能。适度超前布局国家重大科技基础设施，提高共享水平和使用效率。集约化建设自然科技资源库、国家野外科学观测研究站（网）和科学大数据中心。加强高端科研仪器设备研发制造。构建国家科研论文和科技信息高端交流平台。

第五章　提升企业技术创新能力

完善技术创新市场导向机制，强化企业创新主体地位，促进各类创新要素向企业集聚，形成以企业为主体、市场为导向、产学研用深度融合的技术创新体系。

第一节　激励企业加大研发投入

实施更大力度的研发费用加计扣除、高新技术企业税收优惠等普惠性政策。拓展优化首台（套）重大技术装备保险补偿和激励政策，发挥重大工程牵引示范作用，运用政府采购政策支持创新产品和服务。通过完善标准、质量和竞争规制等措施，增强企业创新动力。健全鼓励国有企业研发的考核制度，设立独立核算、免于增值保值考核、容错纠错的研发准备金制度，确保中央国有工业企业研发支出年增长率明显超过全国平均水平。完善激励科技型中小企业创新的税收优惠政策。

第二节　支持产业共性基础技术研发

集中力量整合提升一批关键共性技术平台，支持行业龙头企业联合高等院校、科研院所和行业上下游企业共建国家产业创新中心，承担国家重大科技项目。支持有条件企业联合转制科研院所组建行业研究院，提供公益性共性技术服务。打造新型共性技术平台，解决跨行业跨领域关键共性技术问题。发挥大企业引领支撑作用，支持创新型中小微企业成长为创新重要发源地，推动产业链上中下游、大中小企业融通创新。鼓励有条件地方依托产业集群创办混合所有制产业技术研究院，服务区域关键共性技术研发。

第三节　完善企业创新服务体系

推动国家科研平台、科技报告、科研数据进一步向企业开放，创新科技成果转化机制，鼓励将符合条件的由财政资金支持形成的科技成果许可给中小企业使用。推进创新创业机构改革，建设专业化市场化技术转移机构和技术经理人队伍。完善金融支持创新体系，鼓励金融机构发展知识产权质押融资、科技保险等科技金融产品，开展科技成果转化贷款风险补偿试点。畅通科技型企业国内上市融资渠道，增强科创板“硬科技”特色，提升创业板服务成长型创新创业企业功能，鼓励发展天使投资、创业投资，更好发挥创业投资引导基金和私募股权基金作用。

第六章　激发人才创新活力

贯彻尊重劳动、尊重知识、尊重人才、尊重创造方针，深化人才发展体制机制改革，全方位培养、引进、用好人才，充分发挥人才第一资源的作用。

第一节　培养造就高水平人才队伍

遵循人才成长规律和科研活动规律，培养造就更多国际一流的战略科技人才、科技领军人才和创新团队，培养具有国际竞争力的青年科技人才后备军，注重依托重大科技任务和重大创新基地培养发现人才，支持设立博士后创新岗位。加强创新型、应用型、技能型人才培养，实施知识更新工程、技能提升行动，壮大高水平工程师和高技能人才队伍。加强基础学科拔尖学生培养，建设数理化生等基础学科基地和前沿科学中心。实行更加开放的人才政策，构筑集聚国内外优秀人才的科研创新高地。完善外籍高端人才和专业人才来华工作、科研、交流的停居留政策，完善外国人在华永久居留制度，探索建立技术移民制度。健全薪酬福利、子女教育、社会保障、税收优惠等制度，为海外科学家在华工作提供具有国际竞争力和吸引力的环境。

第二节　激励人才更好发挥作用

完善人才评价和激励机制，健全以创新能力、质量、实效、贡献为导向的科技人才评价体系，构建充分体现知识、技术等创新要素价值的收益分配机制。选好用好领军人才和拔尖人才，赋予更大技术路线决定权和经费使用权。全方位为科研人员松绑，拓展科研管理“绿色通道”。实行以增加知识价值为导向的分配政策，完善科研人员职务发明成果权益分享机制，探索赋予科研人员职务科技成果所有权或长期使用权，提高科研人员收益分享比例。深化院士制度改革。

第三节　优化创新创业创造生态

大力弘扬新时代科学家精神，强化科研诚信建设，健全科技伦理体系。依法保护企业家的财产权和创新收益，发挥企业家在把握创新方向、凝聚人才、筹措资金等方面重要作用。推进创新创业创造向纵深发展，优化双创示范基地建设布局。倡导敬业、精益、专注、宽容失败的创新创业文化，完善试错容错纠错机制。弘扬科学精神和工匠精神，广泛开展科学普及活动，加强青少年科学兴趣引导和培养，形成热爱科学、崇尚创新的社会氛围，提高全民科学素质。

第七章　完善科技创新体制机制

深入推进科技体制改革，完善国家科技治理体系，优化国家科技计划体系和运行机制，推动重点领域项目、基地、人才、资金一体化配置。

第一节　深化科技管理体制改革

加快科技管理职能转变，强化规划政策引导和创新环境营造，减少分钱分物定项目等直接干预。整合财政科研投入体制，重点投向战略性关键性领域，改变部门分割、小而散的状态。改革重大科技项目立项和组织管理方式，给予科研单位和科研人员更多自主权，推行技术总师负责制，实行“揭榜挂帅”、“赛马”等制度，健全奖补结合的资金支持机制。健全科技评价机制，完善自由探索型和任务导向型科技项目分类评价制度，建立非共识科技项目的评价机制，优化科技奖励项目。建立健全科研机构现代院所制度，支持科研事业单位试行更灵活的编制、岗位、薪酬等管理制度。建立健全高等院校、科研机构、企业间创新资源自由有序流动机制。深入推进全面创新改革试验。

第二节 健全知识产权保护运用体制

实施知识产权强国战略，实行严格的知识产权保护制度，完善知识产权相关法律法规，加快新领域新业态知识产权立法。加强知识产权司法保护和行政执法，健全仲裁、调解、公证和维权援助体系，健全知识产权侵权惩罚性赔偿制度，加大损害赔偿力度。优化专利资助奖励政策和考核评价机制，更好保护和激励高价值专利，培育专利密集型产业。改革国有知识产权归属和权益分配机制，扩大科研机构和高等院校知识产权处置自主权。完善无形资产评估制度，形成激励与监管相协调的管理机制。构建知识产权保护运用公共服务平台。

第三节 积极促进科技开放合作

实施更加开放包容、互惠共享的国际科技合作战略，更加主动融入全球创新网络。务实推进全球疫情防控和公共卫生等领域国际科技合作，聚焦气候变化、人类健康等问题加强同各国科研人员联合研发。主动设计和牵头发起国际大科学计划和大科学工程，发挥科学基金独特作用。加大国家科技计划对外开放力度，启动一批重大科技合作项目，研究设立面向全球的科学研究基金，实施科学家交流计划。支持在我国境内设立国际科技组织、外籍科学家在我国科技学术组织任职。

国务院关于印发全民科学素质行动规划纲要(2021—2035年)的通知

国发〔2021〕9号

各省、自治区、直辖市人民政府，国务院各部委、各直属机构：

现将《全民科学素质行动规划纲要（2021—2035年）》印发给你们，请结合本地区、本部门实际，认真贯彻实施。

国务院

2021年6月3日

（此件公开发布）

全民科学素质行动规划纲要

（2021—2035年）

为贯彻落实党中央、国务院关于科普和科学素质建设的重要部署，依据《中华人民共和国科学技术进步法》、《中华人民共和国科学技术普及法》（以下简称科普法），落实国家有关科技战略规划，特制定《全民科学素质行动规划纲要（2021—2035年）》（以下简称《科学素质纲要》）。

一、前言

习近平总书记指出："科技创新、科学普及是实现创新发展的两翼，要把科学普及放在与科技创新同等重要的位置。没有全民科学素质普遍提高，就难以建立起宏大的高素质创新大军，难以实现科技成果快速转化。"这一重要指示精神是新发展阶段科普和科学素质建设高质量发展的根本遵循。

科学素质是国民素质的重要组成部分，是社会文明进步的基础。公民具备科学素质是指崇尚科学精神，树立科学思想，掌握基本科学方法，了解必要科技知识，并具有应用其分析判断事物和解决实际问题的能力。提升科学素质，对于公民树立科学的世界观和方法论，对于增强国家自主创新能力和文化软实力、建设社会主义现代化强国，具有十分重要的意义。

自《全民科学素质行动计划纲要（2006—2010—2020年）》印发实施，特别是党的十八大以来，在以习近平同志为核心的党中央坚强领导下，在国务院统筹部署下，各地区各部门不懈努力，全民科学素质行动取得显著成效，各项目标任务如期实现。公民科学素质水平大幅提升，2020年具备科学素质的比例达到10.56%；科学教育与培训体系持续完善，科学教育纳入基础教育各阶段；大众传媒科技传播能力大幅提高，科普信息化水平显著提升；科普基础设施迅速发展，现代科技馆体系初步建成；科普人才队伍不断壮大；科学素质国际交流实现新突破；建立以科普法为核心的政策法规体系；构建国家、省、市、县四级组织实施体系，探索出“党的领导、政府推动、全民参与、社会协同、开放合作”的建设模式，为创新发展营造了良好社会氛围，为确保如期打赢脱贫攻坚战、确保如期全面建成小康社会作出了积极贡献。

我国科学素质建设取得了显著成绩，但也存在一些问题和不足。主要表现在：科学素质总体水平偏低，城乡、区域发展不平衡；科学精神弘扬不够，科学理性的社会氛围不够浓厚；科普有效供给不足、基层基础薄弱；落实“科学普及与科技创新同等重要”的制度安排尚未形成，组织领导、条件保障等有待加强。

当前和今后一个时期，我国发展仍然处于重要战略机遇期，但机遇和挑战都有新的发展变化。当今世界正经历百年未有之大变局，新一轮科技革命和产业变革深入发展，人类命运共同体理念深入人心，同时国际环境日趋复杂，不稳定性不确定性明显增加，新冠肺炎疫情影响广泛深远，世界进入动荡变革期。我国已转向高质量发展阶段，正在加快构建以国内大循环为主体、国内国际双循环相互促进的新发展格局。科技与经济、政治、文化、社会、生态文明深入协同，科技创新正在释放巨大能量，深刻改变生产生活方式乃至思维模式。人才是第一资源、创新是第一动力的重要作用日益凸显，国民素质全面提升已经成为经济社会发展的先决条件。科学素质建设站在了新的历史起点，开启了跻身创新型国家前列的新征程。

面向世界科技强国和社会主义现代化强国建设，需要科学素质建设担当更加重要的使命。一是围绕在更高水平上满足人民对美好生活的新需求，需要科学素质建设彰显价值引领作用，提高公众终身学习能力，不断丰富人民精神家园，服务人的全面发展。二是围绕构建新发展格局，需要科学素质建设在服务经济社会发展中发挥重要作用，以高素质创新大军支撑高质量发展。三是围绕加强和创新社会治理，需要科学素质建设更好促进人的现代化，营造科学理性、文明和谐的社会氛围，服务国家治理体系和治理能力现代化。四是围绕形成对外开放新格局，需要科学素质建设更好发挥桥梁和纽带作用，深化科技人文交流，增进文明互鉴，服务构建人类命运共同体。

二、指导思想、原则和目标

（一）指导思想。

以习近平新时代中国特色社会主义思想为指导，深入贯彻党的十九大和十九届二中、三中、四中、五中全会精神，坚持党的全面领导，坚持以人民为中心，坚持新发展理念，统筹推进“五位一体”总体布局，协调推进“四个全面”战略布局，全面贯彻落实习近平总书记关于科普和科学素质建设的重要论述，以提高全民科学素质服务高质量发展为目标，以践行社会主义核心价值观、弘扬科学精神为主线，以深化科普供给侧改革为重点，着力打造社会化协同、智慧化传播、规范化建设和国际化合作的科学素质建设生态，营造热爱科学、崇尚创新的社会氛围，提升社会文明程度，为全面建设社会主义现代化强国提供基础支撑，为推动构建人类命运共同体作出积极贡献。

(二)原则。

——突出科学精神引领。践行社会主义核心价值观，弘扬科学精神和科学家精神，传递科学的思想观念和行为方式，加强理性质疑、勇于创新、求真务实、包容失败的创新文化建设，坚定创新自信，形成崇尚创新的社会氛围。

——坚持协同推进。各级政府强化组织领导、政策支持、投入保障，激发高校、科研院所、企业、基层组织、科学共同体、社会团体等多元主体活力，激发全民参与积极性，构建政府、社会、市场等协同推进的社会化科普大格局。

——深化供给侧改革。破除制约科普高质量发展的体制机制障碍，突出价值导向，创新组织动员机制，强化政策法规保障，推动科普内容、形式和手段等创新提升，提高科普的知识含量，满足全社会对高质量科普的需求。

——扩大开放合作。开展更大范围、更高水平、更加紧密的科学素质国际交流，共筑对话平台，增进开放互信，深化创新合作，推动经验互鉴和资源共享，共同应对全球性挑战，推进全球可持续发展和人类命运共同体建设。

(三)目标。

2025 年目标：我国公民具备科学素质的比例超过 15%，各地区、各人群科学素质发展不均衡明显改善。科普供给侧改革成效显著，科学素质标准和评估体系不断完善，科学素质建设国际合作取得新进展，“科学普及与科技创新同等重要”的制度安排基本形成，科学精神在全社会广泛弘扬，崇尚创新的社会氛围日益浓厚，社会文明程度实现新提高。

2035年远景目标：我国公民具备科学素质的比例达到25%，城乡、区域科学素质发展差距显著缩小，为进入创新型国家前列奠定坚实社会基础。科普公共服务均等化基本实现，科普服务社会治理的体制机制基本完善，科普参与全球治理的能力显著提高，创新生态建设实现新发展，科学文化软实力显著增强，人的全面发展和社会文明程度达到新高度，为基本实现社会主义现代化提供有力支撑。

三、提升行动

重点围绕践行社会主义核心价值观，大力弘扬科学精神，培育理性思维，养成文明、健康、绿色、环保的科学生活方式，提高劳动、生产、创新创造的技能，在“十四五”时期实施5项提升行动。

(一)青少年科学素质提升行动。

激发青少年好奇心和想象力，增强科学兴趣、创新意识和创新能力，培育一大批具备科学家潜质的青少年群体，为加快建设科技强国夯实人才基础。

——将弘扬科学精神贯穿于育人全链条。坚持立德树人，实施科学家精神进校园行动，将科学精神融入课堂教学和课外实践活动，激励青少年树立投身建设世界科技强国的远大志向，培养学生爱国情怀、社会责任感、创新精神和实践能力。

——提升基础教育阶段科学教育水平。引导变革教学方式，倡导启发式、探究式、开放式教学，保护学生好奇心，激发求知欲和想象力。完善初高中包括科学、数学、物理、化学、生物学、通用技术、信息技术等学科在内的学业水平考试和综合素质评价制度，引导有创新潜质的学生个性化发展。加强农村中小学科学教育基础设施建设和配备，加大科学教育活动和资源向农村倾斜力度。推进信息技术与科学教育深度融合，推行场景式、体验式、沉浸式学习。完善科学教育质量评价和青少年科学素质监测评估。

——推进高等教育阶段科学教育和科普工作。深化高校理科教育教学改革，推进科学基础课程建设，加强科学素质在线开放课程建设。深化高校创新创业教育改革，深入实施国家级大学生创新创业训练计划，支持在校大学生开展创新型实验、创业训练和创业实践项目，大力开展各类科技创新实践活动。

——实施科技创新后备人才培育计划。建立科学、多元的发现和培育机制，对有科学家潜质的青少年进行个性化培养。开展英才计划、少年科学院、青少年科学俱乐部等工作，探索从基础教育到高等教育的科技创新后备人才贯通式培养模式。深入实施基础学科拔尖学生培养计划2.0，完善拔尖创新人才培养体系。

——建立校内外科学教育资源有效衔接机制。实施馆校合作行动，引导中小学充分利用科技馆、博物馆、科普教育基地等科普场所广泛开展各类学习实践活动，组织高校、科研机构、医疗卫生机构、企业等开发开放优质科学教育活动和资源，鼓励科学家、工程师、医疗卫生人员等科技工作者走进校园，开展科学教育和生理卫生、自我保护等安全健康教育活动。广泛开展科技节、科学营、科技小论文（发明、制作）等科学教育活动。加强对家庭科学教育的指导，提高家长科学教育意识和能力。加强学龄前儿童科学启蒙教育。推动学校、社会和家庭协同育人。

——实施教师科学素质提升工程。将科学精神纳入教师培养过程，将科学教育和创新人才培养作为重要内容，加强新科技知识和技能培训。推动高等师范院校和综合性大学开设科学教育本科专业，扩大招生规模。加大对科学、数学、物理、化学、生物学、通用技术、信息技术等学科教师的培训力度。实施乡村教师支持计划。加大科学教师线上培训力度，深入开展“送培到基层”活动，每年培训 10 万名科技辅导员。

(二)农民科学素质提升行动。

以提升科技文化素质为重点，提高农民文明生活、科学生产、科学经营能力，造就一支适应农业农村现代化发展要求的高素质农民队伍，加快推进乡村全面振兴。

——树立相信科学、和谐理性的思想观念。重点围绕保护生态环境、节约能源资源、绿色生产、防灾减灾、卫生健康、移风易俗等，深入开展科普宣传教育活动。

——实施高素质农民培育计划。面向保障国家粮食安全和重要农副产品有效供给、构建乡村产业体系、发展农村社会事业新需求，依托农广校等平台开展农民教育培训，大力提高农民科技文化素质，服务农业农村现代化。开展农民职业技能鉴定和技能等级认定、农村电商技能人才培训，举办面向农民的技能大赛、农民科学素质网络竞赛、乡土人才创新创业大赛等，开展农民教育培训 1000 万人次以上，培育农村创业创新带头人 100 万名以上。实施农村妇女素质提升计划，帮助农村妇女参与农业农村现代化建设。

——实施乡村振兴科技支撑行动。鼓励高校和科研院所开展乡村振兴智力服务，推广科技小院、专家大院、院（校）地共建等农业科技社会化服务模式。深入推行科技特派员制度，支持家庭农场、农民合作社、农业社会化服务组织等新型农业经营主体和服务主体通过建立示范基地、田间学校等方式开展科技示范，引领现代农业发展。引导专业技术学（协）会等社会组织开展农业科技服务，将先进适用的品种、技术、装备、设施导入小农户，实现小农户和现代农业有机衔接。

——提升革命老区、民族地区、边疆地区、脱贫地区农民科技文化素质。引导社会科普资源向欠发达地区农村倾斜。开展兴边富民行动、边境边民科普活动和科普边疆行活动，大力开展科技援疆援藏，提高边远地区农民科技文化素质。提升农村低收入人口职业技能，增强内生发展能力。

(三)产业工人科学素质提升行动。

以提升技能素质为重点，提高产业工人职业技能和创新能力，打造一支有理想守信念、懂技术会创新、敢担当讲奉献的高素质产业工人队伍，更好服务制造强国、质量强国和现代化经济体系建设。

——开展理想信念和职业精神宣传教育。开展“中国梦·劳动美”、最美职工、巾帼建功等活动，大力弘扬劳模精神、劳动精神、工匠精神，营造劳动光荣的社会风尚、精益求精的敬业风气和勇于创新的文化氛围。

——实施技能中国创新行动。开展多层级、多行业、多工种的劳动和技能竞赛，建设劳模和工匠人才创新工作室，统筹利用示范性高技能人才培训基地、国家级技能大师工作室，发现、培养高技能人才。组织开展“五小”等群众性创新活动，推动大众创业、万众创新。

——实施职业技能提升行动。在职前教育和职业培训中进一步突出科学素质、安全生产等相关内容，构建职业教育、就业培训、技能提升相统一的产业工人终身技能形成体系。通过教育培训，提高职工安全健康意识和自我保护能力。深入实施农民工职业技能提升计划、求学圆梦行动等，增加进城务工人员教育培训机会。

——发挥企业家提升产业工人科学素质的示范引领作用。弘扬企业家精神，提高企业家科学素质，引导企业家在爱国、创新、诚信、社会责任和国际视野等方面不断提升，做创新发展的探索者、组织者、引领者和提升产业工人科学素质的推动者。鼓励企业积极培养使用创新型技能人才，在关键岗位、关键工序培养使用高技能人才。发挥学会、协会、研究会作用，引导、支持企业和社会组织开展职业能力水平评价。

发挥“科创中国”平台作用，探索建立企业科技创新和产业工人科学素质提升的双促进机制。推动相关互联网企业做好快递员、网约工、互联网营销师等群体科学素质提升工作。

（四）老年人科学素质提升行动。

以提升信息素养和健康素养为重点，提高老年人适应社会发展能力，增强获得感、幸福感、安全感，实现老有所乐、老有所学、老有所为。

——实施智慧助老行动。聚焦老年人运用智能技术、融入智慧社会的需求和困难，依托老年大学（学校、学习点）、老年科技大学、社区科普大学、养老服务机构等，普及智能技术知识和技能，提升老年人信息获取、识别和使用能力，有效预防和应对网络谣言、电信诈骗。

——加强老年人健康科普服务。依托健康教育系统，推动老年人健康科普进社区、进乡村、进机构、进家庭，开展健康大讲堂、老年健康宣传周等活动，利用广播、电视、报刊、网络等各类媒体，普及合理膳食、食品安全、心理健康、体育锻炼、合理用药、应急处置等知识，提高老年人健康素养。充分利用社区老年人日间照料中心、科普园地、党建园地等阵地为老年人提供健康科普服务。

——实施银龄科普行动。积极开发老龄人力资源，大力发展老年协会、老科协等组织，充分发挥老专家在咨询、智库等方面的作用。发展壮大老年志愿者队伍。组建老专家科普报告团，在社区、农村、青少年科普中发挥积极作用。

（五）领导干部和公务员科学素质提升行动。

进一步强化领导干部和公务员对科教兴国、创新驱动发展等战略的认识，提高科学决策能力，树立科学执政理念，增强推进国家治理体系和治理能力现代化的本领，更好服务党和国家事业发展。

——深入贯彻落实新发展理念。切实找准将新发展理念转化为实践的切入点、结合点和着力点，提高领导干部和公务员科学履职水平，强化对科学素质建设重要性和紧迫性的认识。

——加强科学素质教育培训。认真贯彻落实《干部教育培训工作条例》、《公务员培训规定》，加强前沿科技知识和全球科技发展趋势学习，突出科学精神、科学思想培养，增强把握科学发展规律的能力。大力开展面向基层领导干部和公务员，特别是革命老区、民族地区、边疆地区、脱贫地区干部的科学素质培训工作。

——在公务员录用中落实科学素质要求。不断完善干部考核评价机制，在公务员录用考试和任职考察中，强化科学素质有关要求并有效落实。

四、重点工程

深化科普供给侧改革，提高供给效能，着力固根基、扬优势、补短板、强弱项，构建主体多元、手段多样、供给优质、机制有效的全域、全时科学素质建设体系，在“十四五”时期实施5项重点工程。

(一)科技资源科普化工程。

建立完善科技资源科普化机制，不断增强科技创新主体科普责任意识，充分发挥科技设施科普功能，提升科技工作者科普能力。

——建立完善科技资源科普化机制。鼓励国家科技计划（专项、基金等）项目承担单位和人员，结合科研任务加强科普工作。推动在相关科技奖项评定中列入科普工作指标。推动将科普工作实绩作为科技人员职称评聘条件。将科普工作纳入相关科技创新基地考核。开展科技创新主体、科技创新成果科普服务评价，引导企业和社会组织建立有效的科技资源科普化机制，支持中国公众科学素质促进联合体等发展，推动科普事业与科普产业发展，探索“产业＋科普”模式。开展科普学分制试点。

——实施科技资源科普化专项行动。支持和指导高校、科研机构、企业、科学共同体等利用科技资源开展科普工作，开发科普资源，加强与传媒、专业科普组织合作，及时普及重大科技成果。建设科学传播专家工作室，分类制定科技资源科普化工作指南。拓展科技基础设施科普功能，鼓励大科学装置（备）开发科普功能，推动国家重点实验室等创新基地面向社会开展多种形式的科普活动。

——强化科技工作者的社会责任。大力弘扬科学家精神，开展老科学家学术成长资料采集工程，依托国家科技传播中心等设施和资源，打造科学家博物馆和科学家精神教育基地，展示科技界优秀典型、生动实践和成就经验，激发全民族创新热情和创造活力。加强科研诚信和科技伦理建设，深入开展科学道德和学风建设宣讲活动，引导广大科技工作者坚守社会责任，自立自强，建功立业，成为践行科学家精神的表率。通过宣传教育、能力培训、榜样示范等增强科技人员科普能力，针对社会热点、焦点问题，主动、及时、准确发声。

（二）科普信息化提升工程。

提升优质科普内容资源创作和传播能力，推动传统媒体与新媒体深度融合，建设即时、泛在、精准的信息化全媒体传播网络，服务数字社会建设。

——实施繁荣科普创作资助计划。支持优秀科普原创作品。支持面向世界科技前沿、面向经济主战场、面向国家重大需求、面向人民生命健康等重大题材开展科普创作。大力开发动漫、短视频、游戏等多种形式科普作品。扶持科普创作人才成长，培养科普创作领军人物。

——实施科幻产业发展扶持计划。搭建高水平科幻创作交流平台和产品开发共享平台，建立科幻电影科学顾问库，为科幻电影提供专业咨询、技术支持等服务。推进科技传播与影视融合，加强科幻影视创作。组建全国科幻科普电影放映联盟。鼓励有条件的地方设立科幻产业发展基金，打造科幻产业集聚区和科幻主题公园等。

——实施全媒体科学传播能力提升计划。推进图书、报刊、音像、电视、广播等传统媒体与新媒体深度融合，鼓励公益广告增加科学传播内容，实现科普内容多渠道全媒体传播。引导主流媒体加大科技宣传力度，增加科普内容、增设科普专栏。大力发展新媒体科学传播。加强媒体从业人员科学传播能力培训。促进媒体与科学共同体的沟通合作，增强科学传播的专业性和权威性。

——实施智慧科普建设工程。推进科普与大数据、云计算、人工智能、区块链等技术深度融合，强化需求感知、用户分层、情景应用理念，推动传播方式、组织动员、运营服务等创新升级，加强“科普中国”建设，充分利用现有平台构建国家级科学传播网络平台和科学辟谣平台。强化科普信息落地应用，与智慧教育、智慧城市、智慧社区等深度融合，推动优质科普资源向革命老区、民族地区、边疆地区、脱贫地区倾斜。

(三)科普基础设施工程。

加强科普基础设施建设，建立政府引导、多渠道投入的机制，实现资源合理配置和服务均衡化、广覆盖。

——加强对科普基础设施建设的统筹规划与宏观指导。制定科普基础设施发展规划，将科普基础设施建设纳入各地国民经济和社会发展规划。完善科普基础设施建设管理的规范和标准，建立健全分级评价制度。完善社会资金投入科普基础设施建设的优惠政策和法规。推行科技馆登记注册制度和年报制度。推进符合条件的科技馆免费开放。

——创新现代科技馆体系。推动科技馆与博物馆、文化馆等融合共享，构建服务科学文化素质提升的现代科技馆体系。加强实体科技馆建设，开展科普展教品创新研发，打造科学家精神教育基地、前沿科技体验基地、公共安全健康教育基地和科学教育资源汇集平台，提升科技馆服务功能。推进数字科技馆建设，统筹流动科技馆、科普大篷车、农村中学科技馆建设，探索多元主体参与的运行机制和模式，提高服务质量和能力。

——大力加强科普基地建设。深化全国科普教育基地创建活动，构建动态管理和长效激励机制。鼓励和支持各行业各部门建立科普教育、研学等基地，提高科普服务能力。推进图书馆、文化馆、博物馆等公共设施开展科普活动，拓展科普服务功能。引导和促进公园、自然保护区、风景名胜区、机场、车站、电影院等公共场所强化科普服务功能。开发利用有条件的工业遗产和闲置淘汰生产设施，建设科技博物馆、工业博物馆、安全体验场馆和科普创意园。

（四）基层科普能力提升工程。

建立健全应急科普协调联动机制，显著提升基层科普工作能力，基本建成平战结合应急科普体系。

——建立应急科普宣教协同机制。利用已有设施完善国家级应急科普宣教平台，组建专家委员会。各级政府建立应急科普部门协同机制，坚持日常宣教与应急宣传相统一，纳入各级突发事件应急工作整体规划和协调机制。储备和传播优质应急科普内容资源，有效开展传染病防治、防灾减灾、应急避险等主题科普宣教活动，全面推进应急科普知识进企业、进农村、进社区、进学校、进家庭。突发事件状态下，各地各部门密切协作，统筹力量直达基层开展应急科普，及时做好政策解读、知识普及和舆情引导等工作。建立应急科普专家队伍，提升应急管理人员和媒体人员的应急科普能力。

——健全基层科普服务体系。构建省域统筹政策和机制、市域构建资源集散中心、县域组织落实，以新时代文明实践中心（所、站）、党群服务中心、社区服务中心（站）等为阵地，以志愿服务为重要手段的基层科普服务体系。动员学校、医院、科研院所、企业、科学共同体和社会组织等组建科技志愿服务队，完善科技志愿服务管理制度，推进科技志愿服务专业化、规范化、常态化发展，推广群众点单、社区派单、部门领单、科技志愿服务队接单的订单认领模式。建立完善跨区域科普合作和共享机制，鼓励有条件的地区开展全领域行动、全地域覆盖、全媒体传播、全民参与共享的全域科普行动。

——实施基层科普服务能力提升工程。深入实施基层科普行动计划。开展全国科普示范县（市、区）创建活动。加强基层科普设施建设，在城乡社区综合服务设施、社区图书馆、社区书苑、社区大学等平台拓展科普服务功能。探索建立基层科普展览展示资源共享机制。深入开展爱国卫生运动、全国科普日、科技活动周、双创活动周、防灾减灾日、食品安全宣传周、公众科学日等活动，增进公众对科技发展的了解和支持。

——加强专职科普队伍建设。大力发展科普场馆、科普基地、科技出版、新媒体科普、科普研究等领域专职科普人才队伍。鼓励高校、科研机构、企业设立科普岗位。建立高校科普人才培养联盟，加大高层次科普专门人才培养力度，推动设立科普专业。

(五)科学素质国际交流合作工程。

拓展科学素质建设交流渠道，搭建开放合作平台，丰富交流合作内容，增进文明互鉴，推动价值认同，提升开放交流水平，参与全球治理。

——拓展国际科技人文交流渠道。围绕提升科学素质、促进可持续发展，充分发挥科学共同体优势和各类人文交流机制作用。开展青少年交流培育计划，拓展合作领域，提升合作层次。

——丰富国际合作内容。深入开展科学教育、传播和普及双多边合作项目，促进科普产品交流交易。聚焦应对未来发展、粮食安全、能源安全、人类健康、灾害风险、气候变化等人类可持续发展共同挑战，加强青少年、妇女和教育、媒体、文化等领域科技人文交流。

——积极参与全球治理。推进科学素质建设国际合作，探索制订国际标准，推动建立世界公众科学素质组织，参与议题发起和设置，在多边活动中积极提供中国方案、分享中国智慧。

——促进“一带一路”科技人文交流。坚持共商共建共享原则，深化公共卫生、绿色发展、科技教育等领域合作。推进科学素质建设战略、规划、机制对接，加强政策、规则、标准联通，推动共建“一带一路”高质量发展。

五、组织实施

（一）组织保障。

建立完善《科学素质纲要》实施协调机制，负责领导《科学素质纲要》实施工作，将公民科学素质发展目标纳入国民经济和社会发展规划，加强对《科学素质纲要》实施的督促检查。各部门将《科学素质纲要》有关任务纳入相关规划和计划，充分履行工作职责。中国科协发挥综合协调作用，做好沟通联络工作，会同各有关方面共同推进科学素质建设。

地方各级政府负责领导当地《科学素质纲要》实施工作，把科学素质建设作为地方经济社会发展的一项重要任务，纳入本地区总体规划，列入年度工作计划，纳入目标管理考核。地方各级科协牵头实施《科学素质纲要》，完善科学素质建设工作机制，会同各相关部门全面推进本地区科学素质建设。

（二）机制保障。

完善表彰奖励机制。根据国家有关规定，对在科学素质建设中做出突出贡献的集体和个人给予表彰和奖励。

完善监测评估体系。完善科普工作评估制度，制定新时代公民科学素质标准，定期开展公民科学素质监测评估、科学素质建设能力监测评估。

（三）条件保障。

完善法规政策。完善科普法律法规体系，鼓励有条件的地方制修订科普条例，制定科普专业技术职称评定办法，开展评定工作，将科普人才列入各级各类人才奖励和资助计划。

加强理论研究。围绕新科技、新应用带来的科技伦理、科技安全、科学谣言等方面，开展科学素质建设理论与实践研究。深入开展科普对象、手段和方法等研究，打造科学素质建设高端智库。

强化标准建设。分级分类制定科普产品和服务标准，实施科学素质建设标准编制专项，推动构建包括国家标准、行业标准、地方标准、团体标准和企业标准的多维标准体系。

保障经费投入。各有关部门统筹考虑和落实科普经费。各级政府按规定安排经费支持科普事业发展。大力提倡个人、企业、社会组织等社会力量采取设立科普基金、资助科普项目等方式为科学素质建设投入资金。

（来源：新华社 2021 年 6 月 25 日）